室内环境设计理论与实践研究

张　旺◎著

中国戏剧出版社

图书在版编目（CIP）数据

室内环境设计理论与实践研究／张旺著. -- 北京：
中国戏剧出版社，2022. 10
ISBN 978-7-104-05179-4

Ⅰ．①室… Ⅱ．①张… Ⅲ．①室内装饰设计 Ⅳ.
①TU238. 2

中国版本图书馆 CIP 数据核字（2021）第 259807 号

室内环境设计理论与实践研究

责任编辑：齐　钰
责任印制：冯志强

出版发行：中国戏剧出版社
出 版 人：樊国宾
社　　址：北京市西城区天宁寺前街 2 号国家音乐产业基地 L 座
邮　　编：100055
网　　址：www. theatrebook. cn
电　　话：010-63385980（总编室）　　010-63381560（发行部）
传　　真：010-63381560

读者服务：010-63381560
邮购地址：北京市西城区天宁寺前街 2 号国家音乐产业基地 L 座

印　　刷：天津和萱印刷有限公司
开　　本：787mm×1092mm　1/16
印　　张：13. 75
字　　数：219 千字
版　　次：2022 年 10 月　北京第 1 版第 1 次印刷
书　　号：ISBN 978-7-104-05179-4
定　　价：72. 00 元

前 言

　　伴随着经济科技的发展，新的建筑装饰材料、新技术、新工艺不断出现，带动了建筑装饰业的繁荣，也使室内设计得到了快速发展。室内空间作为建筑中与人关系最直接的部分，正是"凝固的音乐，无字的史书"。因此，现代室内设计，或称室内环境设计，相对来说是环境设计中最为重要的环节。从宏观来看，室内设计往往能从一个侧面反映相应时期社会物质和精神生活的特征，是与当时的施工工艺、装饰材料和内部设施等物质生产水平联系在一起的。随着社会的发展，历代的室内设计总是具有时代的印记，反映了当时的哲学思想、美学观点、社会经济、民俗民风等文化特征。室内设计是一门新型的学科，它依托于建筑设计和艺术设计，利用技术与艺术的手段，对建筑空间进行再创造，其本质是功能与审美的结合。随着我国经济的迅速发展，人们对室内设计的要求已不仅仅满足于对使用功能的需求，而是更体现在对文化内涵、艺术、审美的追求上。这就要求现代室内设计成为既有科学性，又有艺术性，同时又具有文化内涵的新型学科。

　　本书第一章为室内设计概述，分别介绍了室内设计的含义、室内设计在国内外的发展历程，以及室内设计的流派和发展趋势；第二章介绍的是视觉基础理论，包括视觉心理学和室内设计中的视觉沟通和表现；第三章为室内色彩设计，包括室内色彩设计的基本原理、色彩在室内设计中的作用、室内色彩设计的艺术处理手法及室内色彩设计的案例分析；第四章为室内照明设计，内容包括照明设计的基本原理、照明设计在室内设计中的作用、室内照明设计的艺术处理手法及室内照明设计的经典案例；第五章为室内材料设计，主要介绍室内材料设计的基本原理、材料设计在室内设计中的作用、室内材料设计的艺术处理手法及室内材料设计的案例分析；第六章对室内设计的常见问题及发展趋势进行概述。

在撰写本书的过程中，作者得到了许多专家学者的帮助和指导，参考了大量的学术文献，在此表示真诚的感谢。但由于作者水平有限，书中难免会有疏漏之处，敬请各位同行和广大读者予以指正。

张　旺

2021 年 7 月

目　录

第一章　室内设计概述

随着经济的发展和人民生活水平的提升，人们对自己的居住环境提出了更高的要求，在此背景下，室内设计行业得到迅速发展。本章是对室内设计的概述，内容包括室内设计的概念、室内设计在中外的发展历程，以及室内设计的流派和发展趋势。

第一节　室内设计的含义

室内设计是人们按照建筑空间的使用性质，运用物质技术手段，创造出功能合理、舒适优美的室内环境，以满足人的物质与精神需求，而进行的空间创造活动。室内设计所创造的空间环境既有使用价值，又满足相应的功能要求，同时也反映了历史文脉、建筑风格、环境气氛等精神因素。"创造出满足人们物质和精神生活需求的室内环境"是室内设计的目的。现代室内设计是综合的室内环境设计，它包括视觉环境和工程技术方面的问题，也包括声、光、热等物理环境，以及氛围、意境等心理环境和文化内涵等内容。

关于室内设计，中外优秀的设计师有许多好的观点和看法。建筑师戴念慈先生认为，"室内设计的本质是空间设计，室内设计就是对室内空间的物质技术处理和美化"。建筑师普拉特纳则认为，"室内设计比包容这些内部空间的建筑物要困难得多，这是因为在室内你必须更多地同人打交道，研究人们的心理因素，以及如何能使他们感到舒适、兴奋。经验证明，这比同结构、建筑体系打交道要费心得多，也要求有更加专门的训练"。美国室内设计师协会前主席亚当认为，"室内设计的主要目的是给予各种处在室内环境中的人以舒适和安全，因此室内设计与生活息息相关，室内设计不能脱离生活，盲目地运用物质材料去粉饰空间"。建筑师 E·巴诺玛列娃认为，"室内设计应该以满足人在室内的生产、生活需求，以功能的实用性为设计的主要目的"。

第二节　室内设计的历史发展

一、室内设计发展概述

（一）国内室内设计发展概述

在原始社会中，西安半坡村的方形、圆形居住空间，已经考虑根据使用需求把室内做出分隔，使入口和火炕的位置布置合理。方形居住空间近门的火炕安排有进风的浅槽，圆形居住空间入口处两侧，也设置起引导气流作用的短墙。

早在原始氏族公社时期的居室里，已经有人工做成的平整光洁的石灰质地面，新石器时代的居室遗址里面，还留有修饰精细、坚硬美观的红色烧土地面，即便是原始人穴居的洞窟里面，壁面上也已经绘有兽形与围猎的图形。也就是说，在人类建筑活动的初始阶段，人们就已经开始对"使用和氛围""物质和精神"两个方面的功能同时给予关注。

商朝的宫室，出土遗址显示，建筑空间秩序井然，严谨规正，宫室当中装饰着朱彩木料，雕饰白石，柱下置有云雷纹的铜盘。到了秦时的阿房宫与西汉的未央宫，虽然宫室建筑已经荡然无存，但是从文献的记载，从出土的瓦当、器皿等实物的制作，以及从墓室石刻精美的窗棂、栏杆的装饰纹样来看，毋庸置疑，当时的室内装饰已经相当精细和华丽。

室内设计与建筑装饰紧密地联系在一起，自古以来建筑装饰纹样的运用，也正说明人们对生活环境、精神功能方面的需求。在历代的文献《考工记》《梓人传》《营造法式》，以及计成的《园冶》当中，均涉及室内设计的内容。

我国各类民居，如北京的四合院、四川的山地住宅、云南的"一颗印"、傣族的干栏式住宅及上海的里弄建筑等，在体现地域文化的建筑形体和室内空间组织、在建筑装饰的设计与制作等许多方面，都有极为宝贵的可供我们借鉴的成果。

（二）国外室内设计发展概述

公元前古埃及贵族宅邸的遗址中，抹灰墙上绘有彩色竖直条纹，地上铺有草编织物，配有各类家具和生活用品。古埃及卡纳克的阿蒙神庙，庙前雕塑及庙内石柱的装饰纹样均极为精美，神庙大柱厅内硕大的石柱群和极为压抑的厅内空间，正符合古埃及神庙所需的森严神秘的室内氛围，是神庙的精神功能所需要的。

古希腊和古罗马在建筑艺术和室内装饰方面已发展到很高的水平。古希腊雅典卫城帕特农神庙的柱廊，起到室内外空间过渡的作用，精心推敲的尺度、比例和石材性能的合理运用，形成了梁、柱的构成体系和具有个性的各类柱式。古罗马庞贝城的遗址中，从贵族宅邸室内墙面的壁饰，铺地的大理石地面，以及家具、灯饰等加工制作的精细程度来看，当时的室内装饰已相当成熟。罗马万神庙室内高旷的、具有公众聚会特征的拱形空间，是当今公共建筑内中庭设置最早的原型。

欧洲中世纪和文艺复兴以来，哥特式、古典式、巴洛克和洛可可等风格的各类建筑及其室内均日臻完美，艺术风格更趋成熟，历代优美的装饰风格和手法，至今仍是我们创作时可供借鉴的源泉。

1919年，在德国创建的包豪斯学派，摒弃因循守旧，倡导功能，推进现代工艺技术和新型材料的运用，在建筑和室内设计方面，提出与工业社会相适应的新观念。包豪斯学派的创始人格罗皮乌斯当时就曾提出："我们正处在一个生活大变动的时期。旧社会在机器的冲击之下破碎了，新社会正在形成之中。在我们的设计工作里，重要的是不断地发展，随着生活的变化而改变表现方式……"20世纪20年代，格罗皮乌斯设计的包豪斯校舍和密斯·凡·德·罗设计的巴塞罗那展览馆都是上述新观念的典型实例。

二、室内设计艺术风格的发展

（一）维多利亚风格的优化

19世纪，对室内设计产生最重要影响的是"艺术与手工艺运动"。这一发源于英国的运动，对20世纪的设计领域产生了十分深远的影响。在此之前，室内设计风格的主要变化往往与贵族阶层相关，建筑师、装饰设计师包括家具商们均服务于贵族，但这些都随着工业革命的推进而改变了。一个新生的中产阶级正在不断壮大，纵然他们自身的审美修养尚达不到对艺术的精准理解，也不具备艺术判断的能力，却依然痴迷于在视觉上得到满足，并去表现与炫耀，以便匹配他们与日俱增的财富。维多利亚时代的中产阶级一般都居住在城市近郊的新式庄园里。当时的繁文缛节对这类简单朴素的三层式楼房的室内形态都做了规定，包括居住者在家中的饮食起居方式。于是，大量关于社交和室内装饰的指南手册便涌现出来，其中以比顿女士编撰的《家务管理手册》（*Book of Household Management*）为先，该书于1861年首次在英格兰出版；继而是达菲女士于1871年在美国出版的《妇女须知》（*What a Woman Should Know*）。

这些手册制定了一系列有关宾客接待、宴会组织及用人管理的规范，由此当时社会在家庭治理方面所表现出的严谨与刻板可见一斑。诸如墙纸、织物和地毯之类的家庭装饰品当时已被批量生产，并且一上市就被中产阶级争先购买，他们想通过模仿有钱人家起居室的家居陈设，来仿效上流社会。这种起居室通常是用来会客的，其墙面上通常悬挂带有蕾丝坠饰的厚窗帘，地面上常铺有布满图案的地毯，并摆放色调浓郁的靠垫座椅和精美华丽的家具等，同时，设计师还尽可能地在空间内布置大量饰品、装饰画等，以便呈现出舒适、华贵而又大气的氛围。这些家具通常可以在新型百货商店中买到，在美国还可以邮购。在19世纪70年代，美国的一些生产商如McDonough等公司设计制作的七件式组合家具系列，均选用华丽的织物，并配有纽扣、簇饰、褶皱及缘饰等细节装饰，创造出奢华的感官效果。而在19世纪40年代的法国，则流行装有内置弹簧的座椅，这种座椅到了 19 世纪 50 年代俨然成为多数起居室的共同选择。弹簧座椅之所以流行并非仅仅因其所具有的舒适性，更重要的是因为它满足了人们视觉上的要求：弹性使得座椅在使用之后能迅速恢复到先前的平整状态。定制维多利亚时代的起居室布局的首要目的在于要给人留下深刻印象，甚至工人阶级的家庭主妇也有这种需求。维多利亚时代的中产阶级彰显尊享安逸和富足的渴望无所不在，但无论如何，由此带来的审美新标准都令当时的批评家们感到不安，于是在 19 世纪涌现出大量对审美修养与室内设计提出建议的著述。A. W. N. 普金以后的作者们赋予"优秀的"设计以高尚的道德标准。普金领导了一场推崇哥特式风格（Gothic Style）的运动，他相关的著作为《对照》（Contrasts，1836）及另一部更翔实的《尖券建筑或基督教建筑之原理》，对普金来说，哥特式风格是正义的基督教社会应有的表现形式，这样的社会与具有种种弊端的 19 世纪工业化社会反差强烈。在维多利亚时代，"哥特式复兴"主要是由普金及其为查尔斯·巴里爵士设计的新议会大厦（House of Parliament）进行的室内设计而引发的。这一风格的使用一直延续到 20 世纪，并渗透进"艺术与手工艺运动"的进程中。

　　哥特式风格的复兴，被设计师威廉·伯奇以一种更为辉煌的形式呈现出来，尤其体现在他为另类的豪门客户比尤特侯爵创作的作品中。伯奇堪称两部"哥特式狂想曲"的作品，分别是卡迪夫城堡（Cardiff Castle，1868—1881）和紧邻的红色城堡（Castell Coch，1875—1881），其室内奢华而张扬的装饰基调是维多利亚时代倾向于将中世纪浪漫化的典型表现。色彩明艳的墙壁与天花板伴有雕饰和镀金，房间里也装点着源于基督教会的雕饰或绘画形象。伯奇设计的家具十分厚实，并饰以尖拱式或类似的雕刻。其灵感都来自哥特式建筑和家具。

　　普金的作品对于 19 世纪英国艺术与设计界的先驱作家约翰·拉斯金来说无疑是一种鼓舞。拉斯金在英国《泰晤士报》上发表的文章，以及《建筑的七盏明灯》（The Seven Lamps of Architecture，1849）和《威尼斯之石》等著作，都影响了当时室内设计的品位。他反对当时颇为普遍的用一种材料模仿另一种材质的做法，也反对在哥特式无法被超越时创造一种新风格的尝试。与普金一样，在拉斯金看来，周边的丑陋现象正是这场工业革命带给大众的悲惨处境的必然结果。拉斯金强烈反对当时维多利亚风格统治下盛行的为彰显主人的财富与地位而在房间内堆砌无度的做法。他在《建筑的七盏明灯》中写道:"我不会将花销用于不起眼的装饰与死板的形式上;不会去制作天花板的檐口、门上的漆饰木纹、窗帘的流苏,以及诸如此类的东西;不会去拥有那些已经变成虚伪而粗鄙的俗套的东西——整个行业依赖于这样的日用品,这些东西从来没有给人以一丝愉悦感,也没派上一丁点儿的用处,它们耗去了人生一半的开支,并且毁掉了人生中大半的舒适、阳刚、体面、生气与便利。"

"我所确信的是,"拉斯金在文中继续讲道,"比起头顶精雕细刻的天花板,脚踩土耳其地毯,背靠钢质的炉架和精致的壁炉挡板,我宁愿选择待在简朴的小农屋,它的屋顶与地板只铺松木,灶台仅仅用云母片岩砌成。我敢肯定,这在许多方面都更健康而令人快乐。"

拉斯金对新式的批量生产家具与室内陈设的批评,于他刊登在1854年5月25日的《泰晤士报》的一封信中再度表露出来,文中讨论了画家威廉·霍尔曼·亨特(William Holman Hunt)的名为《良心觉醒》(*The Awakening Conscience*, 1854)的一幅关于通奸主题的画作,拉斯金认为对于室内设计来说,这是一种"致命的新奇"。对拉斯金而言,这种新式家具与道义、美德简直是水火不容的。

拉斯金对批量生产的家具的抵制与他对过去的设计的鼓吹,影响了整整一代的作家与设计师,其中最为著名的便是身为社会主义者、设计师及"艺术与手工艺运动"发起人的威廉·莫里斯。莫里斯为了"让我们的艺术家成为手艺人,让我们的手艺人成为艺术家"而发起了19世纪80年代的"艺术与手工艺运动",使室内设计与家具及陈设品的生产成为建筑师及艺术家的正当职业。莫里斯在牛津大学埃克塞特学院(Exeter College)完成了神学课程之后,对神职人员的生涯渐生倦意,转而对建筑艺术产生了浓厚兴趣。在抛弃神职成为一名艺术家之前,他曾在哥特复兴式建筑师乔治·埃德蒙·斯特里特的事务所工作过,不过这份工作不久便终止了。1859年,莫里斯与简·伯登结婚,之后的他全身心地投入到了设计事业之中。

莫里斯不仅推进了设计的革新,更发展了通过手工艺品制作来训练设计师的新方法。此前,在手工艺品制作过程中,设计与制作是截然分开的两个过程。建筑师威廉·理查德·勒沙比最伟大的成就,便是在1894年成立了伦敦中央工艺美术学院(London Central School of Arts and Crafts),这也是第一所拥有手工艺教学车间的艺术院校。

购置新发现的古董来装饰室内也首次成为一种时尚，这完全因为受到拉斯金和莫里斯的影响。被认为是罗赛蒂的作品并由莫里斯公司生产的萨塞克斯椅（Sussex Chair），是对早期乡土样式的再创造。然而，罗赛蒂于1862年搬迁到伦敦切尔西的新住宅时，他为新居所选配的家具，则出自不同时期，兼具多种风格。19世纪80年代的"艺术与手工艺运动"的关键之处在于，一把椅子，无论它的设计是源于17世纪还是19世纪，都应突显其手工制作痕迹，并且人们可以看到关节接合处。结构表露越清晰，部件就越真实，这与被主流推崇的那种机器雕琢的、打磨精致的装饰面之间的对比也就愈加强烈。这一风潮导致了"古董运动"（Antiques Movement）的兴起，这场运动在19世纪末发展势头强劲，并且得到行家商人们的支持，出版的各种家具史书籍也力推这场运动。

然而，莫里斯及"艺术与手工艺运动"对随后的室内设计产生的影响大都体现在艺术形式上，而非理念层面上。莫里斯公司生产的"真实"的家具，价格昂贵且限量出售。他本人是个颇具天赋的图案设计师，例如，他的印花布设计作品"郁金香"（Tulip，1875）和"龙虾"（Cray，1884），都汲取了自然元素的交织线条和形态，这些随后激发了英国、美国及欧洲大陆的设计师们的创作灵感。

沃伊齐是"艺术与手工艺运动"第二代建筑师，秉持尊重乡土与真实的手工技艺的原则进行房屋及室内设计，他将兴趣扩展到其设计项目中的壁纸、纺织品、地毯乃至家具。位于赫特福德郡乔利伍德的"果园"（The Orchard，1899），是沃伊齐自己的住所，便是以英国乡村样式为基础设计的，带有壁炉隅（巨大的近火炉的凹形角落）与朴素的家具。但沃伊齐对比例的把握极为大胆，这一特点也影响着另一个建筑设计师查尔斯·伦尼·麦金托什。在"果园"的设计中，沃伊齐将厅堂大门的高度提升到画镜线之上，其宽度被几乎横跨整个门的带心形尖端的金属折页所夸大。其设计的另一个特点是将室内的木质器具及天花板都漆成白色，并与大面积的玻璃窗相结合，尤其是在餐厅，这种维多利亚时代早期风格的设计使得室内十分明亮，甚至是耀眼。沃伊齐坚信朴素、真实的室内陈设与家具是要优先考虑的，这一点是压倒一切的。与沃伊齐同时代的另一位建筑师麦凯·休·贝利·斯科特，则更多的是在家居空间中使用色彩并突出装饰细节，例如，在窗户上运用彩色玻璃，或在墙上印制图案等。

（二）现代主义风格的兴起

勒·柯布西耶这一时期的建筑设计展现出纯粹主义的美学理论，代表作品有位于法国加尔什地区的斯坦因别墅和位于法国巴黎近郊普瓦西的萨伏伊别墅。这两栋别墅在室内设计上均采用双层形式，也都带有屋顶花园及斜面连接的楼层。柯布西耶把它们当作流动的空间去规划，而非被填塞或者装饰的既定区域。此外，他与夏洛特·贝里安设计的家具也是室内不可缺少的组成部分。这些家具经过设计师仔细考虑后得以精心安置，如同雕塑作品般极具审美情趣。

1929年的秋季沙龙家具展览会上，勒·柯布西耶与合作者一起再次展出了他们的作品及住所的设备规划。作品包括一个单独的大型居住区，其他房间都由此派生出来。房内的地板和天花板上覆盖着玻璃，连家具都是由玻璃、皮革和钢管等多种材料结合而成，这种对大面积的玻璃和金属材质的运用，营造出极为现代的视觉效果。

现代主义运动的国际声誉直到1932年才得以最终确立。纽约的现代艺术博物馆举办了一次展览，用一系列照片呈现了勒·柯布西耶、密斯·德罗厄和沃尔特·格罗皮乌斯等人的设计工作与成就，同时还展出了来自意大利、瑞士、俄国和美国许多建筑师们的工作成果。在展览的目录中，建筑史家亨利·拉塞尔·希契科克和菲利普·约翰逊贴切地将这些作品描绘成一种"国际风格"（International Style），并对这个特征做了综合归纳，即"摒弃装饰运用，注重灵活的内部空间"。这些作品均反对在墙体上使用色彩，强调"对一个房间的墙面装饰而言，满载图书的书架便是最好的装饰元素"。此外，在室内装饰植物景观的做法也受到赞许。

在1932年之前，一些欧洲移民已经把现代主义运动的设计思潮带入美国。只是，这种最早在美国得到提倡并鼓舞了欧洲设计师的"批量生产体系"，在美国室内设计方面的影响却极其微弱。直到欧洲现代主义运动取得成功后，这种状况才得以改变。鲁道夫·辛德勒和理查德·诺伊特拉从维也纳来到美国，运用欧洲的现代风格设计了一些具有影响的私人住宅。其中，诺伊特拉设计的洛杉矶洛弗尔住宅，内部使用了巨幅玻璃，具有自由的内部空间，被认为是值得被现代艺术博物馆收藏的杰出作品。

弗兰克·劳埃德·赖特和其他的美国设计师无法接受现代主义运动的制约，拒绝使用带有现代主义运动特征的桩柱结构和矩形体块。到了 20 世纪 30 年代，为了更好地体现美国人的价值观，赖特继续坚持个人风格，他的个性体现在其著名的作品"流水别墅"的设计中而达到极致。这座建于 1936 年的建筑位于宾夕法尼亚州的熊跑泉（Bear Run, Pennsylvania, 1936）之上，这个混凝土建筑建在山腰上，高悬于瀑布上方。而岩石构筑的墙体、胡桃木制作的家具和装置（木材原料来自北卡罗来纳州），以及巨大的窗户使室内空间与自然风光融成一体。在斯堪的纳维亚半岛也兴起了一种不那么工业化的现代主义设计。芬兰、瑞士和挪威不曾经历像英国、德国和美国那样快速的工业化进程，即便到了 20 世纪 30 年代前后，现代主义运动的理念逐渐影响到斯堪的纳维亚半岛时，那里依然传承着强大的传统手工艺。鉴于英国的艺术品和工艺品对于多数人来说显得过于昂贵而无力购买，相比较而言，斯堪的纳维亚的手工艺品就易于为大众所接受。于是，现代主义的简洁作风开始与民间设计结合起来，斯堪的纳维亚式的"现代风格"由此产生。从 20 世纪 30 年代开始，设计大师布鲁诺·马松、博里·穆根森、卡尔·克林特和芒努斯·斯蒂芬森设计的家具出口到美国和英国，相对于德国钢管椅的冷漠感，这种柔软的曲线和温暖的木质触感则更受大众的偏爱。

在国际上，最具现代风格的代表人物当属芬兰建筑师阿尔瓦·阿尔托。同在芬兰的帕伊米奥结核病疗养院和维普里图书馆均为其知名代表作。与他同时代的德国人已经使用混凝土了，而他则继续使用砖和木材。在维普里图书馆的演讲大厅内，波浪起伏的木质天花板是阿尔瓦尔·阿尔托提倡人文主义极为突出的例证。这时期的家具设计，阿尔瓦尔·阿尔托还尝试使用弯曲胶合板和层压板，营造出一种既具现代感又不失温情的人性化效果，室内设计更加协调。

1915 年，依照德意志制造同盟的模式，英国建立了英国设计与工业联合组织（DIA，以下简称"联合组织"）。在最初创建时，其成员有伦敦希尔斯公司的家具零售商安布罗斯·希尔、德里亚德家具制造公司及希尔的远亲塞西尔·布鲁尔。他们努力尝试提高国民的审美能力，如 1920 年举办的家庭用品展览便是"联合组织"的宣传活动之一。展览展出了包括家具、纺织品、陶瓷制品和玻璃器皿等八个类型的家用制品。从这次展览，以及"联合组织"随后出版的作品中可以明显地看到，与德国相比，该组织对"优秀设计"的评价标准具有更为宽广的视角。"联合组织"的年刊效仿德国版式样，既向读者展现佐治亚复兴式风格的作品，也介绍蕴含在工业产品设计中的功能主义美学理论。英国设计与工业联合组织堪称国际现代主义的英式版本，它削弱了斯堪的纳维亚式的现代主义和"艺术与手工艺"的传统理念。这种兼容并蓄的设计风格可以从家具生产商兼设计师戈登·拉塞尔的作品中感受到。拉塞尔使这三者互为影响的关系得到调和，并以此为 20 世纪 50 年代的英国室内设计打下了基础。

沃尔特·格罗皮乌斯、马塞尔·布罗伊尔和建筑师埃里克·门德尔松在远赴美国躲避德国纳粹党之前都加入了设立在伦敦汉普斯特德辖区的帕克希尔的一个激进社团。在英国，像他们这样的设计师很难承接项目。格罗皮乌斯在前往哈佛大学任职之前设计了英国伊平顿乡村学院，这是英格兰的第四所乡村学院，位于剑桥。马塞尔·布罗伊尔于 1935 年至 1937 年间在英国逗留，其间为伊斯康公司设计了胶合板工艺的曲木家具。埃里克·门德尔松与俄国设计师塞尔杰·切尔马耶夫合作设计了位于萨塞克斯郡的德拉沃尔大厦。设计师雷蒙德·麦格拉思被任命为 BBC 新总部广播大楼的装饰设计顾问之后，英国的现代室内设计得到了积极推进。麦格拉思本人是个折中主义者，因此他聘请塞尔杰·切尔马耶夫和现代派建筑师韦尔斯·科茨共同加入。科茨设计的播音室相当简洁实用，采用了钢管等现代材料。同样的特征也反映在伦敦地铁站的设计中，该车站由英国设计与工业联合组织的成员兼伦敦客运业集团负责人弗兰克·匹克委托，由建筑师查尔斯·霍尔登设计。英国随后的三十多条地铁站隧道都是依照现代主义运动的原则进行设计，这些通道不但更加通亮、易于使用，而且清晰展现了公司的形象。

（三）波普艺术风格的产生与运用

20 世纪 60 年代，随着青少年数量的激增，冲破社会常规道德观念束缚的情感不断滋生，市场上出现了大批针对年轻人的设计。这一点在波普主义（Pop）设计运动中体现出来。该设计运动兴起于英国，是整个波普主义运动的一部分。1963 年，一支四人组流行乐队"甲壳虫乐队"（Beatles）在英国轰动一时，在随后的一年内他们到美国巡回演出，确立了英国青年文化在世界的领先地位。

在室内设计领域，新的购物环境的打造迎合了青年人市场，如出现了精品店，专门经营受年轻人喜爱的时髦又便宜的衣服。1955 年，服装设计师玛丽·匡特在伦敦切尔区国王路开设了第一家女性时装用品商店——"集市"。1957 年，搬迁至位于骑士桥的新店址，该店由特伦斯·康兰设计，颇具特色。楼梯位于房子中间，下方挂着衣服；室内的上半部分大量采用织物装饰。到 20 世纪 60 年代中期，这类小型商店几乎遍及英国所有城市。1964 年，芭芭拉·美兰妮姬在伦敦肯辛顿大街开设了第一家比巴商店，店内灯光昏暗，整日大声地播放着流行乐。随后开设的一些比巴商店，其墙壁和地面均以暗淡的格调装饰，衣物悬挂在用弯木制成的维多利亚式立式衣帽架上，还有 19 世纪插着鸵鸟羽毛的瓶子，这些细节设计进一步渲染了颓废的氛围。

年轻人渴望摆脱上一代的束缚，他们相互交流娱乐信息，表现反复无常的情绪，这些构成波普主义多样化的灵感源泉。过去的装饰风格得到复兴，特别是 1966 年，在维多利亚和阿尔伯特博物馆举行奥布里·比亚兹利作品展之后，新艺术风格再度流行起来；另外，一些书刊的出版促进了装饰艺术的兴起，如贝维斯·希利尔于 1968 年撰写的《二三十年代的装饰艺术》等；还有一些电影作品也对装饰艺术等过往风格的复兴起到了促进作用，如《邦尼和克莱德》等。显然，对于过去风格的复兴，其目的并不在于重复过去的风格，装饰艺术鉴赏家们严厉抨击的维多利亚式家具，现在则被漆上明亮的光泽。新型招贴艺术的产生在很大程度上也归因于奥布里·比亚兹利和阿方斯·穆哈作品的启发。20 世纪 70 年代早期，装饰艺术运动的发起者德瑞和汤姆也开办了比巴商店，经由电影场景设计师之手，其风格式样复古而富有魅力。

如今，纯艺术与通俗文化通过美国的安迪·沃霍尔，英国的戴维·霍克尼、阿伦·琼斯等艺术家用各自的作品揭开了波普艺术运动的序幕。这些优秀艺术家以通俗文化为创作源泉，例如，罗伊·利希滕施泰因在他的绘画中，以点为图案构成，模拟了连环画册式的廉价印刷效果。

波普艺术中的图像随后被运用到招贴画、廉价陶器及壁饰上。各类艺术形式彼此互通，例如，安迪·沃霍尔设计了印有牛形图案的墙纸，并用于其位于纽约的个人工作室——沃霍尔工厂，工厂内还用了充满氦气的银色塑料云朵作为装饰。1964 年，在纽约悉尼·贾尼斯画廊举办的以"新现实主义者创造的四种环境"为主题的展览中，波普风格雕塑家克莱斯·奥尔登堡展出了一间卧室的设计。这件作品可谓对"消费文化"的一次认可（如果不能说是赞许的话）：床上铺着白色缎面被单，一件人造豹皮大衣随意扔在仿斑马皮的长沙发上。克莱斯·奥尔登堡设计的软体雕塑，如汉堡状的巨大雕塑经过设计转变成家具形式。直到 1988 年，商业街上依然可以见到这类家具店向年轻人市场供应这些雕塑的廉价复制品。维特莫尔·托马斯新开的比巴商店的地下室就有个装烤菜豆和汤的巨大罐头仿制品，上面放着真实的听装食物。

欧普艺术运动也对室内装饰艺术产生过一定的影响。这场运动是由维克托·瓦萨雷里首先在法国发起的，后由布里奇特·路易斯·赖利在英国进行了拓展。赖利绘制的黑白图像，经过欧普艺术的设计，产生了使观众迷惑的效果。这种图像为电视节目《顶级波普》的背景设计和小型时装店的装饰带来了创作灵感，并掀起了招贴画行业的兴盛。

伦敦建筑协会的学生厌倦了现代主义运动沉重、永恒不变的设计法则。1961 年，由彼得·库克率领的阿基格拉姆设计团队，首次公开反对现代主义，拥护一种更加有机、随意的建筑风格。该组织随后宣称，对适用于个体居住者的一次性建筑具有浓厚兴趣。1966 年，由建筑设计师安德烈亚·布兰齐率领的阿基佐姆设计团体诞生于意大利佛罗伦萨，该团体在 1967 年也同样涉足波普艺术，并结合装饰艺术图案、流行明星肖像和人造豹皮设计了各种形式的床，显示了他们对通俗文化的热衷及对传统上流建筑文化的抵制。

"用毕即弃"一次性家具的生产，进一步强调了波普设计对于"传统"和"耐用"这两大概念的挑战。由于波普风格自身具有"玩世不恭"的含义，这种风格的家具也可以坚固的纸板为原材料，购买者自行将纸板组装成家具的形式，使用一个月左右的时间之后，当其他样式的新家具出现时，便可将之丢弃。彼得·默多克设计了一张纸椅，椅子呈简洁的水桶形并带有醒目的圆点花纹图案。1964 年，这种纸椅被批量生产，主要供应于年轻人市场，其使用寿命达到了预期的 3~6 个月。

波普主义的一大弊端就是对环境问题的忽略。从 20 世纪 60 年代的早期到中期，消费者和设计师对科技成就持完全乐观的态度。注重研发潜在的新材料和新技术等方面，体现了波普风格的室内装饰对技术的推崇。例如，位于国王路上的切尔西药店，由加尼特、克劳利、布莱克莫尔协会等个人及团队合作完成。室内空间采用磨光铝材料，营造出一种宇宙飞船般的氛围，借助计算机屏幕显示的紫色平面图，显示建筑物体内的不同区域，更加增强了"宇宙飞船"式的氛围感。

在法国，室内装饰设计师奥利弗·穆尔格在科幻电影《2001：太空奥德赛》中，创造出未来主义场景。他根据造型夸张的变形虫设计了低矮的、呈曲线状的座椅，其中有造型轻柔的曲形躺椅"Djinn"。

20 世纪 60 年代晚期的意大利，明显存在着反现代主义的风潮，年轻的意大利设计师设计的室内空间和家具，都有意挑战"优雅品位"（Good Taste）的标准。1970 年加蒂、保利尼和泰奥多罗等人为扎诺塔公司设计的懒人沙发（Sacco Seat），仅仅是个填充了聚氨酯颗粒的大袋子，没有固定形状，但具有很强的适应性。扎诺塔公司也曾生产过早期的充气家具。1967 年，吉屋拉坦·德·帕斯、多纳托、保罗·洛马齐共同设计了吹气椅（Blow Chair）。它是第一件批量生产的膨胀式椅子，采用清澈透明的聚氯乙烯（PVC）材料制成，可以在游泳池里使用。吹气椅的趣味性及其蕴含的对现存社会体制的对抗含义，吸引了法国和英国的年轻消费群。同样，该三人组还设计了"乔沙发"（Joe Sofa），也由扎诺塔公司在 1971 年生产。这个沙发模仿手套的形状，在用聚氨酯泡沫塑料制成的手形外部覆盖了软质皮革。这项饶有趣味的家具设计，其灵感来自美国的波普艺术雕塑家克莱斯·奥尔登堡的软雕塑作品。英国最重要的波普风格室内装饰设计师马克思·克伦德宁，设计了可拆卸家具，通过使用单一色彩创造出统一的整体环境。1968 年，他的一项起居室设计被刊登在《每日电讯报》上，这项设计的灵感来源于太空旅行，空间内摆放着光滑、结实的桌，椅，脚凳，还包含一些相应的储存空间，并由此形成了一个整体组合。

1969 年，人类的首次登月探险极大地增强了新科技的魅力，几乎所有的室内设计都围绕着太空主题进行创作，包括用计算机印制出各种金属色的字体，以及在塑料贴面上涂抹明亮色彩的涂料等。维克多·卢肯斯位于纽约的起居室设计（1970），就融合了上述这些特征。此外，该起居室中还设有一个封闭式独立的座位，人坐在里面能够环视房间情况而又不被人发现。

新生的毒品文化（Drug Culture）下诞生出另一类型的室内设计氛围，即有意营造一种令人感到魅惑的空间。毒品，尤其是以 LSD 为代表，能够改变人们的知觉，它与波普文化相联系从而引发了视幻运动（Psychedelic Movement）。寻常房间的尺度感在灯光的映射下消失殆尽，抑或是有意模仿一些超大尺寸的图形比例而湮没了房间原本的正常视觉感受。

在美国，芭芭拉·施陶法赫尔·所罗门大胆地把巨型图像运用到室内装饰中并使之成为时尚。以位于加利福尼亚索诺马的海洋农场游泳俱乐部为例，室内空间采用了放大的字母，大胆使用原色条纹及几何图形等，随意地将各种元素混合在一起，在视觉上与建筑空间产生冲撞，从而制造出一种令人迷惑的空间效果。在英国，同样能见到类似的手法，如巨型变形虫被涂上明亮的甚至是荧光色彩，随意地分布在天花板、墙壁、门和地板上，正如皇家艺术大学在 1968 年由学生自行设计的学生活动室所呈现出的风格。除此之外，马丁·迪安设计的避难舱，舱体呈鸡蛋形，为了激发人们对超自然体验的欲望而有意将使用者完全包围于其中。这个令人丧失感觉与判断力的大容器设计，从本质上体现出这类滋生于毒品文化下的设计氛围——有意营造令人迷惑的室内效果。此外，由亚历克斯·麦金太尔设计的旅行包厢，也是这类代表作之一。他利用反向投射和音乐效果，创造出令人产生幻觉的室内环境。这件作品由伦敦的梅尔普斯家具店于 1970 年的"生活实验"博览会上展出。

波普设计为电影场景的表现注入了新的灵感源泉。特别是影片《上空英雄》（Barbarella，1968）和《救命》（Help，1965）的场景布置，都引用了地毯式的坐垫设计。这种方式在居家布置中很容易效仿，《时尚》（Vogue）和《住宅与花园》（House and Garden）等杂志均登载过类似的布置。

（四）后现代主义风格的多元发展

20 世纪 70 年代初，现代主义运动的成就在很大程度上遭到质疑。如同建筑领域一样，室内设计领域也出现了一种新的多元化态势，这表明所谓的"优良设计"不再按照一种公认的标准进行评价与衡量。室内设计在零售业革命中所产生的主导性影响，以及人们对于家居装饰不断增长的浓厚兴趣，都驱使它走在了公众设计意识的前沿。在英国和美国，一部分社会群体日趋繁荣，尤其是年轻的职业中产阶级，引领了回归传统主义和复古风格的潮流。由此，原本倡导大胆进行设计实验的 60 年代风潮消退了，取而代之的是一个回归复古和开支紧缩的时期。

并非 20 世纪 70 年代的所有室内设计都与现代主义相悖，如"高技风格"运动赞颂的便是工业生产美学。早在 1925 年举办的巴黎世博会上，勒·柯布西耶就曾把钢铁支架、办公家具和厂房建筑地面材料引入到家庭装修中。建筑师成为这种风格形成的关键因素。1977 年，理查德·罗杰斯与伦佐·皮亚诺合作，设计了最早的高技风格建筑之一——巴黎蓬皮杜艺术中心。在这件作品中，所有建筑的结构装置均被醒目地暴露在建筑体外表，内部没有过多别出心裁的变化，室内空间仅由具有移动式隔断的工作间组成。与蓬皮杜艺术中心一样，罗杰斯的另一件作品，伦敦的劳埃德大厦在设计上同样具有灵活性，以便将来进行扩建。空间的内部核心围绕着一个十二层楼高、带筒状拱顶的中庭，这样的中庭设计在后来被许多办公建筑广泛地效仿。罗杰斯将"卢廷大钟"作为底层空间的视线焦点，成功地实现了新旧元素的结合。

1975 年，建筑师迈克尔·霍普金斯为自己设计的位于伦敦汉普斯特德的住宅，其内部空间均由钢结构组成，仅仅借助百叶帘划分与界定各个区域。由琼·克洛和苏珊娜·施莱辛共同编著的《工业风格家居资料集》，细致地描述了现代家庭如何运用商业化生产线的产品布置家庭空间，该书登载的许多室内图片均来自设计师约瑟夫·保罗·迪尔索位于纽约的公寓。迪尔索在室内采用了医院式设计风格，如安放了通常是外科医生使用的不锈钢洗涤槽，用金属围栏分隔室内空间，甚至连门的样式也与医院使用的如出一辙。

尽管勒·柯布西耶在他设计的 1925 年巴黎世博会的新精神馆中采用了类似的手法，但是高技风格的出发点却完全不同：勒·柯布西耶意在挑战个人主义和少数上流社会精英阶层的所谓"装饰艺术"，在他看来，制作精良兼具实用价值却不入时尚的批量生产的工业产品也应被室内设计采用；而高技风格的目的却是从晦涩甚至是难以理解的元素中汲取灵感，创造出令人惊叹的雅致空间。这种手法并不包含社会改革的元素，但也体现了人们对工作与家庭环境态度的转变。

自 19 世纪以来，这两个领域就已经存在差异并分化了：以女性活动为主导的住宅领域，曾被看作舒适和高尚的精神殿堂，更是远离工作场所的庇护所。但是，随着高技风格运动的发展，厨房里装上了取自工厂的构架，办公室用于文件归档的橱柜及金属质地的楼梯和地板也相继进入家居空间，住宅环境变得越来越像工作场所。早在维多利亚时代，中产阶级就曾效仿上流社会，通过室内设计骄傲地彰显他们安逸闲适的生活方式，工作是被拒之门外的。历经了一段失业时期后，这种情况得到改变，工作用具成为身份地位的标志。此外，由于现代女性对事业的追求，高技风格有意营建一种在功能上体现高效率的居家环境，这也是部分地出于对工作地点离家较远的女性的考虑。

20世纪70年代，栖居商店发布了高技风格的全深色极简式家具，令这一趋势获得了巨大的销售市场。到了20世纪80年代，这种风格变得更加精简，并结合了当时的工业制品的可回收技术，成为极简抽象艺术家的高档室内装饰的时尚。罗恩·阿拉德收集废弃汽车的座椅，将它们改造成家用座椅，并在自己位于伦敦的"一次性"商店内出售。他还在室内设计中运用工业材料，如位于伦敦南莫尔顿大街的商店——芭莎，店内采用混凝土浇筑材料，标志着新野兽派的回归，即刻意在室内运用粗糙、起伏肌理的材料。具有裂缝的巨大混凝土厚板悬挂在生锈的缆索上，每根挂衣服的横杆都架构在由混凝土浇筑成形的轮廓体上，蓄意营造出一种破败感与颓废感，这样的室内装饰被称为"后衰败主义"风格。

与高技风格一样，后现代主义也是建立在建筑实践基础之上的。美国建筑师罗伯特·文图里的首部著作《建筑的复杂性与矛盾性》，可谓早期针对这一论题的论著。书中表达了对现代运动的不满情绪，认为建筑师应从历史上的著名风格和具有直接视觉冲击力的大众文化中，受到些许的启示和教育。这种观点在《向拉斯维加斯学习》一书中有更为详尽的论述，文图里对"建筑师之椅"进行了栩栩如生的描绘。从侧面角度，这些椅子的轮廓几乎一样，正面却不拘一格。有的椅子色泽明亮，呈现以日出为主题的装饰艺术风格；也有搭配了垂吊装饰的谢拉顿椅；此外还有其他不同式样的椅子，都装饰有各种经典细节。建筑设计师迈克尔·格雷夫斯设计的位于美国俄勒冈州波特兰市的公共服务大楼，以及为意大利孟菲斯集团设计的家具，也对美国后现代主义的兴起起到了助推作用。

建筑理论家查里斯·詹克斯的著述《后现代建筑语言》，将后现代主义引领到一个更加宽泛的文化背景之中。他借助语言结构分析，进行解析与创作。他在英国和美国设计了一些住宅，如他为自己设计的位于伦敦荷兰公园的"主题之家"。在室内布置上，他将会客室与卧室集中设置在一个封闭的螺旋形楼梯的四周；室内的家具设计，詹克斯有意识地处理了以往的建筑风格的象征意义，亚兰设计公司把它们作为"具有象征性意义的家具"进行出售。在不同的房间，他利用过去的各种不同风格，如埃及式、哥特式风格等，体现不同的时期。在阅览室，家具均依照19世纪流行于德国的比德迈式样进行设计，而书橱的顶部细节却采用了不同风格的建筑元素。

第三节 室内设计流派及发展趋势

一、室内设计的流派

（一）光亮派

光亮派也称银色派，室内设计中夸耀新型材料及现代加工工艺的精密细致及光亮效果，往往在室内大量采用镜面及平曲面玻璃、不锈钢、磨光的花岗岩和大理石等作为装饰面材，在室内环境的照明方面，常使用投射、折射等各类新型光源和灯具，在金属和镜面材料的烘托下，形成光彩照人、绚丽夺目的室内环境。

（二）解构主义派

解构主义派是一个从20世纪80年代晚期开始的后现代建筑思潮。它的特点是把整体破碎化（解构）。主要想法是对外观的处理，通过非线性或非欧几里得几何的设计，来形成建筑元素之间关系的变形与移位，譬如楼层和墙壁，或者结构和外廓。以刺激性的不可预测性和可控的混乱为特征，这是后现代主义的表现之一。

（三）高技派

高技派或称重技派，突出当代工业技术成就，并在建筑形体和室内环境设计中加以炫耀，崇尚"机械美"，在室内暴露梁板、网架等钢结构构件，以及风管、线缆等各种设备和管道，强调工艺技术与时代感。高技派典型的实例为法国巴黎蓬皮杜艺术中心、香港中国银行等。

（四）超现实派

超现实派追求所谓超越现实的艺术效果，利用现代抽象绘画及雕塑，在室内布置中常采用异常的空间组织，曲面或具有流动弧形线型的界面，浓重的色彩，变幻莫测的光影，造型奇特的家具与设备，有时还以现代绘画或雕塑来烘托超现实的室内环境气氛。超现实派的室内环境较为适应具有视觉形象特殊要求的某些展示或娱乐的室内空间。

（五）装饰艺术派

装饰艺术派（Art Deco）是一种重装饰的艺术风格，同时影响了建筑设计的风格，在20世纪20年代初成为欧洲主要的艺术风格，直到现代主义流行的1930年以前才在美国流行。"Art Deco"这个词虽然在1925年的博览会创造，但直到20世纪60年代对其再评估时才被广泛使用，其实践者并没有像风格统一的设计群落那样合作。它被认为是折中的，被各式各样的资源影响。

（六）白色派

白色派是指在室内设计中大量运用白色作为设计的基调色彩，故此得名。它以其造型简洁、色彩纯净、格调文雅，深受人们喜爱。在白色派的设计中，注重空间、光线的运用；强调白色在空间中的协调性，以及精美陈设、现代艺术品的装饰组合；突出在白色空间中色彩的节奏变化和多样性的表现。白色不会限制人的思维，同时，又可调和、衬托或者对比鲜艳的色彩、装饰，使人增加乐观感或让人产生美的联想。

二、室内设计的发展趋势

（一）材料的可持续应用

当步入 21 世纪—— 一个后工业全球化的时代，在室内设计中我们面临的主要问题是什么？建筑、时尚、图形、美术和室内设计之间的界限开始变得更加模糊了。建筑师对室内设计产生了更加浓厚的兴趣，艺术家也开始尝试将建筑环境作为其创作实践的一部分，就像雷切尔·怀特里德的设计作品"宅"（House，1993）那样，那是一个维多利亚式的带露台的住宅室内空间。相比于 20 世纪，21 世纪室内空间的风格并未受到过多关注。而在商业空间的领域里，人们被引导而更加关注的是对企业形象的识别与品牌效应的整体体现，而非外表的时尚样式。近年来，室内设计的话题渐渐成为学术界更加持续关注的问题。其中最主要的是可持续发展，这在所有设计领域内变成日益重要的话题。由于对资源短缺和全球变暖的认识不断增强，发达国家政府制定政策，强调慎用珍稀材料与能源。这也导致建筑设计的关注点从时尚性转为功能性及对资源的慎用。

如今，室内设计师已经强烈地意识到需要使用可再生的木材，即装饰艺术时期普遍选用的外来材料，诸如乌木这种当时流行的典型材料之一，现在为制止热带及温带雨林的乱砍滥伐而已被明令禁止砍伐。而其他材料，譬如竹子，一种快速再生的资源，已成为地面、墙面装饰及家具结构的首选材料。竹子无须重新种植，生长自然，也不需要施用化肥与农药，不必担心材料中含有害成分。室内设计师们已日渐意识到某些塑料和合成涂料的毒性。另外，材料的使用周期也被纳入考量范围，即材料必须是可降解或可循环使用的。显而易见，竹子成为最理想的材料，因为当它的使用周期结束之后不必拿去填埋处理而是可以成为有机肥料。如今，人们对室内设计的评价标准已不再局限于形式、表象，而是更注重与生态系统的整体融合。

近年来，利用可持续材料自建的案例越来越多，仅在英国每年所建造的这类建筑便达九千多所。英国第四频道的节目——《大设计》（*Grand*

Designs）播出了一则案例——位于英国剑桥的生态楼（Eco House, Cambridge），该建筑以橡木为构架，以稻草为保温层。别墅的中心楼梯由主人救下的一株有着八百年树龄的老橡树雕刻而成，屋子中心的楼梯环绕着这一珍贵的自然生命体而构建。为了增加室内自然采光并减少能源的消耗，屋内开设了大面积的窗户，并在顶部设置了一幅遮光罩。建筑内部所需电力由风车发电，自给自足。可持续性也成为公共建筑的关注点。另一项极端的设计案例是一座名叫"冰旅馆"的著名酒店，坐落于瑞典名城基律纳（Kiruna）的一个村落。酒店每年举行一次竞赛，参加者都会被邀请为冰的大厅及客房做室内设计。整座酒店由冰块雕刻而成，融化于春风之中，再建于冬季。

对能源的谨慎使用促进了材料的可持续应用。譬如，室内设计师能够在采光设计方面，通过采用最新的技术，如选择光学玻璃、热感应玻璃或电子玻璃等，更好地使用自然光。这些新一代的智能玻璃产品可以减少大量太阳强光进入建筑。以光学玻璃为例，当阳光直射时，玻璃会自动变暗，从而减少空调的使用。热感应玻璃也具有相似的作用，当达到特定的温度时，玻璃也会变暗。被称为变色（Revocromico）系统的是一项天窗玻璃自动透明化技术，车顶天窗也可以通过驾驶者摁动按钮而变暗；当车子进入室内或温度过高时，玻璃也会自动改变透光效果。

随着建筑的室内空间与外界自然越来越紧密地交融，以及广泛使用自然光成为设计的特点，室内与室外之间的界线也越来越不明显了。比起耗能的空调设备，人们更倾向于引入合理的通风设计，位于伦敦城区内的格金大厦（Gherkin Building）就是其中的代表。这座由福斯特及合伙人设计事务所（Foster and Partners）为瑞士再保险公司（Swiss Re-insurance Company）设计的建筑，位于整个城市的金融核心区域，建筑主体所消耗的能源仅占同等高度建筑能耗的50%；一系列的"腔室"在钢质构架中螺旋盘升；如同肺脏般将空气输送到这座41层、面积约76 400平方米的建筑内的每一个角落。这座受到地基限制，其剖面形态呈航天火箭状的建筑，依靠建筑外部空气的压力差来驱动整个建筑内部的空气循环；此外，位于建筑顶部的俱乐部依靠大面积的玻璃采光，创造出一个可以俯瞰全城的极佳视角。在德国莱比锡（Leipzig, Germany），建筑师扎哈·哈迪德设计的新宝马制造中心（BMW Plant，2004）也采用相似的内外对流的原理，空间上的灵活性令不同功能得以容纳其中。中心建筑是整个宝马三系车型的生产线的中枢，它将各个生产区域不同的功能整合在一起——包括车身制造车间、喷漆车间和组装车间等一系列职能独立的部门。其最引人注目的特点是：经组装的车辆是沿着环绕建筑的轨道穿越员工食堂和接待区等区域。

（二）品牌理念对室内设计的影响

全球化的品牌理念也影响了运输业的室内设计领域。以"维珍"（Virgin）为例，这个曾经依靠出售产品和各式各样服务，诸如有线电视节目、手机通信和婚礼策划等的企业创造了一个极为成功的品牌。公司于1970年创立之初仅为一家唱片零售店，组建时所倡导的理念是年轻活力与创业精神。1984年，该公司成立维珍大西洋航空公司（Virgin Atlantic Airways），与当时更资深的，也更具企业实力的英国航空公司（British Airway）进行直接较量。它众所周知的红白色标志随处可见，从飞机尾鳍到营销资料中都凸显品牌的颜色特点。随着争取乘客的竞争日益激烈，维珍大西洋航空公司借助设计的力量，如其头等舱提供独一无二的床位，吸引了更多的忠实客户。其飞机内舱的设计已不再局限于对风格、材料和功能等传统问题的关注，更拓展到空间与安全性，甚至连如何减轻机身重量也被纳入考虑范围。维珍大西洋航空室内设计团队运用独创的方式解决了关于飞机内舱设计一直以来难以解决的问题——如何在空间极为有限的机舱内设置舒适的床位。这些床位均由座椅转换而成，只要轻轻触摸一下按钮，外部包有皮质软垫的椅子便展开成床位，而椅子（或者说床）的另一边则被泡沫覆盖。此外，头等舱还专门设有吧台区域供乘客享用。

与飞机内舱设计一样，船舱的内部设计也是一种相似的特殊领域，相较于地面建筑的室内空间，船舱的内部设计往往受到更多的限制。在20世纪50年代末大规模的航空运输业出现之前，海洋运输曾是当时最为普遍的国际旅行方式。因此，邮轮的内部设计往往象征着邮轮持有国的民族特性，如英国丘纳德航运公司（Cunard Line）和法国航运集团"法兰西航线"（French Line）便是其中的代表。二战后，一些著名建筑师和设计师也开始涉足邮轮的内部设计。其中，詹姆斯·加德纳、丹尼斯·伦侬、休·卡森合作设计了丘纳德旗下的旗舰作品——"伊丽莎白女王二号"（Queen Elizabeth 2，1969）；由吉奥·庞蒂为意大利设计了"朱利奥·塞萨尔号"（Giulio Cesare，1951）。如今，邮轮业的室内设计主要关注的是海上度假旅游的市场，邮轮则成为移动的、奢华的海上酒店，主要为占北美市场主导的年长顾客提供海上度假服务。"丘纳德"旗下的另一艘邮轮"玛丽皇后二号"（Queen Mary 2），是近年来最负盛名的豪华邮轮之一。邮轮的设计出自瑞典蒂尔贝格设计事务所（Tilberg Design），于2004年投入使用。蒂尔贝格为邮轮内部设计了六层通高的中庭景观、赌场和各式各样的娱乐空间。在奢侈消费市场中，还有着另一项正在快速发展的设计类型——游艇设计。其中，以意大利人卢卡·巴萨尼创建的豪华游艇品牌沃利（Wall-y）最为典型。沃利的总部设于蒙特卡洛，2004年，公司邀请建筑师克劳迪奥·拉扎里尼与卡尔·皮克合作，为其游艇做设计。这支设计团队开创出一派完全有别于传统概念的崭新风格，设计采用了整体覆盖在木质甲板层之上的几何形态的玻璃结构。整个舱内的空间中有可供十六人同时用餐的餐桌和更像飞机驾驶舱的驾驶室，在视觉上完全通透。整艘游艇依靠燃气轮机的驱动，其航行时速可达63海里。

（三）极简主义的流行

倘若用一种风格来概括21世纪初的室内设计的特点，那便是极简主义的所谓"无风格"样式。极简的风格已经在很大程度上左右着家居的设计，大众媒体也在极力宣传，大力推崇用中性色调和无个人特点的风格来规整我们的居室，使家变得井然有序。这种风格让住宅便于销售，却也意味着让家不再有温馨、亲切的天伦氛围。英国建筑师约翰·波森是极简主义风格的代表人物。波森在他的设计中"剥去"了所有他认为不必要的装饰和杂乱的东西。波森为美国著名时装设计师卡尔文·克莱因设计了一系列颇具极简风格的CK品牌专卖店：首家专卖店于1994年开业，位于东京的一幢新建筑内；紧随其后的纽约店也在1995年正式开张。在纽约麦迪逊大街（Madison Avenue）拐角处的一幢新古典主义风格的建筑内，原有的室内风格被重新改写，取而代之的是以素色白墙、灰白色石材铺地和集中式灯光等元素为主的设计语言。波森在 2002 年开张的 CK 巴黎店的设计上，又一次重弹了极简主义的老调，用纯正的极简主义风格的手法，彰显出这一美国时尚品牌独树一帜的简洁个性。此外，波森的风格在捷克特拉普教派修道院的设计上被发挥到了极致。这座巴洛克风格的庄园住宅坐落于修道院的中心，在设计改造后成为四十位西多会修道士（Cistercian）兼具新卧室与教堂双重功能的"家园"。波森设计的家庭居室更像修道院，所以他现在正着手设计真正的修道院。

今天，室内设计师一方面抗拒其作品的全球影响力，另一方面肯定设计为文化和社会所做出的贡献，与此同时，在室内设计实践的某些方面出现了更加情感化和精神化的考量。在诸如监狱、医院之类的公共建筑设计中，可以发现从心理学角度对色彩和光的运用。在室内设计师中间还有一种不断增长的趋势，即将某些领域中的理论成果带入他们的设计实践中去，使自己成为更有创意的设计师。如今，室内设计的研究学术越来越受到尊重，而这一领域曾一度被认为缺少像产品设计或平面设计在学术上的严肃性，室内设计开始摆脱建筑学的范畴，而凭借自身的条件成为一个独立的学科。自 2000 年以来，市面上有关室内领域的历史和理论性研究等出版物的发行量有了明显的增长。其中不乏一些颇有建设性意见与参考价值并且值得收藏的作品：如苏西·麦凯勒和佩妮·斯帕克合作出版的《室内设计及其特性》、希尔德·海嫩与古尔松·巴伊达尔合著的《家居空间：现代建筑中塑造空间性别》；此外，理论分析学家查尔斯·赖斯的著作《室内的诞生：建筑、现代、家居》一书，更加凸显了这一领域研究的重要意义。由马克·泰勒与朱莉安娜·普雷斯顿合著的《室内设计理论读本》，阐述了这一课题发展的重要性及其关键内容。多位设计师与装饰家的专题论文也相继发表，如佩妮·斯帕克的文章《埃尔茜·德·沃尔夫：现代室内装饰的诞生》等。而那些在过去一直对室内设计持淡然态度的建筑师，如今也转而关注该课题并撰写相关文章，如纽约建筑师乔尔·桑德斯发表的《帷幕大战：建筑师、装饰师与 20 世纪的室内家居空间》一文，描绘了职业建筑师如何寻求并涉足室内装饰领域。上述这些作品的出版，以及伦敦金斯顿大学所属的现代室内设计研究中心的成立，表明室内设计学科的确立是一个毋庸置疑的事实。

室内设计的最新发展趋势更多地体现在互动式室内空间的发展上。例如，在家居环境中，灯光可根据使用者在室内的活动情况，甚至是当时的心情，进行调节，以适应使用者的需求。新科技的发展，使家庭娱乐项目的集成成为可能，创造出智能化的生活空间。像松下（Panasonic）这样的电子企业正致力于未来的技术，如能将画面影像投射在白墙上的家庭影院和电视系统，以及笔记本电脑无线控制的音乐播放器；整面墙体可以投射主人随心挑选和设置的影像来作为装饰；也可以按照住户的意愿嵌入报警与信息系统；进出家门不再需要钥匙，而是通过视网膜扫描仪来控制。不论是公共空间，还是私人场所，新技术的发展向室内设计师和消费者都发起了挑战。时至今日，室内设计被完全颠覆了：本书所分析的维多利亚时代的家居设计理念是要极力抗拒陷入现代化的困境；如今，技术的成果却最终决定了室内空间的外观形式与使用方式。

第二章　视觉基础理论

将视觉心理、视觉艺术设计理念加入室内设计，是把室内设计推到更高设计境界的必经之路。本章是对视觉基础理论的介绍，内容包括视觉艺术的概念和特征、视觉心理研究的发展，并从不同维度对视觉心理进行阐述。此外，对室内设计中的视觉沟通和表现进行概述。

第一节　视觉心理学阐释

一、理解视觉艺术

（一）视觉艺术的概念

从审美主体的角度看，艺术离不开创造者和欣赏者两个方面。创造者总要通过一定感官及与一定感官相适应的感性物质媒介才能创造出审美对象来；欣赏者也要通过一定感官去感受相应的物质媒介，从而达到审美愉悦。也就是说，审美器官是沟通创造者和欣赏者的桥梁，同时又是创造艺术和欣赏艺术的必要条件。因此，一些美学研究者据此把审美器官作为艺术分类的基本原则。在他们看来，艺术可以分为：视觉艺术，如工艺、建筑、雕塑、绘画；听觉艺术，如音乐；视听艺术，如舞蹈、戏剧、电影；视听觉—想象艺术，如文学。

可以看出，上述划分主要是依据主体的审美器官所接受的艺术对象之不同而做出的，这种划分无疑具有一定的合理性。当然，对这种划分标准存在着两种实质不同的理解：一种是较低层次的理解，它仅是以器官功能为标准来划分艺术类型，这样做显然是忽略了艺术的本质意义，仅仅停留在艺术类型的形式方面；另一种是较高层次的理解，它强调的不是器官的功能意义，而是其背后的主体意义，也就是说，由于器官功能的不同导致了艺术类型在审美主体上所呈现的不同，这种不同具有广泛的社会心理意义。

从上述两个层次来考察视觉艺术，关于它的定义会出现很大的不同。人们可以从最直接的层面上把它定义为：通过视感官及与之相适应的形式手段如线条、色彩等去表现和欣赏审美经验的艺术类型。显然，这种定义未免显得过于简单和表面化。因为，视觉艺术在这种形式背后有着更深广的心理内涵和社会历史内容，它们通过视觉艺术这一独特的艺术类型而充满生机地表现出来。因此，对于视觉艺术应综合地来把握，并在它的历史发展中逐渐认识它的本质，而不是简单地下定义。在这一点上，西方艺术研究的某些做法是值得借鉴的。在那里，视觉艺术尤其是视觉问题是一个极受重视的问题，但研究者并不重视为其定义，而是更重视对视觉艺术的特性、对象等问题进行深入的研究。

例如，贝尔在他那本著名的《艺术》中指出，视觉艺术是一种"有意味的形式"。在他看来，"有意味的形式"包括两个方面的含义。

第一是指形式本身所表现出的意味。在此，艺术成为唤起感情的纯然客体，形式是纯然独立的，不带有叙述和精确的再现。例如，非洲原始黑人艺术中的一座雕像、一件面具，我们就不能奢望从中发现主题思想、内涵韵味，或从中获得历史事件、动人故事，它们的价值就存在于其形式之中。那敏感而强劲的线条，迸裂出力量的轮廓和层面，结构之平衡感，形体之丰富感，已是一种自足的存在，它们甚至于在构思阶段，已显得非常饱满。这些艺术形式只是为自身而存在，无所依傍，即使是高度现实主义的作品，其形式本身也是极具意味的。当然，再现不等于没有价值，只是不能以牺牲形式为代价。欣赏这样的艺术作品只需具有形式感、色彩感、三度空间的知识就够了。

第二是指通过艺术形式所再现的事物而呈现出的意味，如历史意义、思想深度、风俗民情等。在此，艺术通过自身的形式表现了一定的艺术内容，这些内容当然与客观的社会内容有着较大的不同，它们并不构成社会学等学科的研究对象，而是成为艺术形式所包含的意味。作为意味，它们实际上已经得到了艺术化的提升，即除去了原先具有的实质内容，仅剩下为读者所欣赏的艺术内容。

美国犹太学者艾尔文·潘诺夫斯基的《视觉艺术的含义》从三个层次对视觉艺术的普遍性形式问题进行了分析。

第一个层次是将各种纯形式（包括线条和色彩构成的一定形状，或由青铜、石块构成的某些特殊形式的团块），看作自然对象的再现，并将其理解为一定的内心氛围。由此，纯形式构成的世界就成为由艺术性母题构成的世界。

第二个层次是通过约定俗成的题材来理解作品的含义。例如，看到一个拿桃子的女人，就知道这是诚实的化身；看到一群人按照一定的排列方式、一定的姿势坐在餐桌前，就知道这再现的是最后的晚餐；看到两个人用某种姿势互相争斗，就知道这再现的是善恶之争。

第三个层次是要从中领会那些能够反映一个民族、一个时期、一个阶级、一种宗教或哲学信仰的基本态度。例如，我们如果局限于达·芬奇那幅描绘了 13 个围着餐桌的人的著名壁画再现的是"最后的晚餐"，那么我们依然停留在第二个层次上，依然是在与作品本身打交道。但是，当我们试图把它当作达·芬奇个性的记录，以及意大利文艺复兴鼎盛时期的文明或某种特殊的宗教态度的文献来理解时，我们才进入到第三个层次的研究领域中。尽管艺术家本人往往并不知道这些价值，这些价值甚至与他想要表达的东西正好相反，但艺术史上经常出现的情况是，艺术品所内含的艺术价值和社会意义在很多时候都超出了艺术家自身所理解的范围，而具有了广泛的意义。

由此可见，对于视觉艺术，我们应从一个广阔的背景上来把握它所包含的各种意义。贝尔和潘诺夫斯基有关视觉艺术的"有意味的形式"和"三个层次说"，无疑为我们的研究提供了借鉴。当然，需要指出的是，贝尔和潘诺夫斯基的观点仍然没能把视觉艺术与其他艺术类型完全区分开来，因为其他艺术类型同样也可以有"有意味的形式"和"三个层次说"。在这个问题上，也许莱辛的方法对我们更具有指导意义。

对莱辛的理论做进一步的引申，我们可以发现视觉艺术不同于其他艺术种类的两大特性：空间静态性和直接呈现性。视觉艺术不同于其他艺术类型，当然首先在于它是视觉感受性的，视觉感受性主要表现为空间性和直接呈现性。虽然托马斯·芒罗在《走向科学的美学》中也认为视觉艺术主要是呈现性的而非暗示性的，但这话讲得过于模糊，因为视觉艺术特别是绘画同样可以具有丰富的暗示性。如果说一切艺术都是一种符号性艺术，那么视觉艺术便可以进一步说是一种空间符号性的艺术，而非情节性的或时间性的符号艺术。因为它不像小说，主要以情节性或叙述性为主；也不像音乐，是一种具有时间性和流动性的艺术。视觉艺术就其自身来说，主要表现为一种空间的静态呈现。在此基础上，它便与文学、音乐等其他艺术类型区别开来。

当然，这一切并不是绝对的。虽然绝大多数的雕塑和绘画作品都是以静态的方式对视觉器官产生作用的，但感受它们仍需要一个时间过程。此外，看上去静止的绘画常常也能暗示出运动和时间感来。例如，凡·高的《戴灰色帽子的自画像》，整幅画以暗蓝色为背景，显示出一种深沉的忧郁感。帽子是灰色的，脸是土黄色的，显得冷漠和灰暗，双眼带着空虚和惊讶，脸为痛苦所扭曲，仿佛敏感的心灵已经不胜现实世界的伤害，但又露出一股狂气和执着。更妙的是，背景中的蓝色形成了一个巨大的旋涡，那蓝色中又夹杂了暗红和暗紫的色点，使画面充满着旋转感和流动感，似乎暗示着人物挣扎在忧郁和痛苦的旋涡中不能自拔。

实际上，视觉艺术的动感和时间感与视觉艺术是静态的直接呈现并不矛盾。我们如是说时，强调的是艺术呈现给我们感官的具体方式，而绘画等视觉艺术作品中所表现的动感和时间感，是就其中所蕴含的张力而言的。就呈现方式来看，它可以说是一种不动之动，即在静止的呈现中表现出运动趋向。

（二）视觉艺术的特征

视觉艺术是一种通过人的视觉感受而将客观内容纳入主观心灵并予以对象化呈现的艺术形态。在此，它表现出三个特性或具有三个方面的意义。

第一，视觉艺术对象不同于客观的现实对象，也不同于人的眼睛所直接审视的感性对象，而是一种沉淀了艺术美质的审美对象，其中包含了艺术家的心灵和社会文化等诸多的内容。

我们知道，客观对象从宇宙论的角度来说，是脱离了人的意识之外的自在之物，它不以人的感性和理性等主观意识为转移。但是这个"自在之物"对于人来说并没有多少价值，特别是没有多少艺术的价值。艺术从根本上来说，虽然需要一些客观的物质材料作为自身的素材，但是，它的艺术价值及其社会价值在于人本身。从这个意义上来说，人的眼睛所看到的自然对象，虽然已经具有了一定的人性内涵，但是它依然不是我们所说的视觉艺术对象。

为什么这样说呢？因为，人的视觉从直接形态来看，只是一种视觉感受力，通过它纯客观的"自在之物"进入人的眼帘，成为具有一定形式、结构和色彩的具体物体，但是这个物体还没有上升到艺术体，还不具有美学的意义。例如，动物也有各种感性感受力，甚至从功能上说，有些动物的眼睛比人的眼睛更发达，但是动物永远也看不出对象世界的美，而只有人的眼睛才能看出这种美。因此，视觉艺术首先是一种人化了的对象艺术，不论这种对象是自然美的客观对象，还是艺术美的艺术对象，它们都必须通过人的审美化的视觉而达到一种主客观视界融合的统一。

第二，视觉艺术是一种感性化了的艺术形态，它以能够为人的视觉所接纳的直观形态表现出来。

我们知道，艺术有多种类型，前面大致描述了依据不同的标准对艺术所做的各种类型的划分，显然，视觉艺术与非视觉艺术的区别，首先在于是否以人的视觉为衡量标准。一般说来，非视觉艺术的主要特点在于它们的表现形式不是集中向视觉呈现的。例如，诗歌、音乐、戏剧、小说等艺术形态便是通过其他的感受形式为人所接受，而视觉艺术主要是以线条、色彩、形体、布局、结构等视觉艺术形式向人的眼睛呈现，具有直接的可视性特征。

因此，很多人把视觉艺术等同于造型艺术。从形式上看，视觉艺术与造型艺术有很多相似之处，但是，两者之间还是有区别的。无论就内涵还是外延方面来说，视觉艺术比造型艺术具有更大的包容性。

人不仅有一双肉眼，更有一双"心眼"，所谓心灵的眼睛所开启的视觉艺术，乃是一个十分宽广的领域。另外，从艺术门类发展的倾向来看，21世纪以来很多新兴的艺术类型如影视艺术等，就远非造型艺术所能涵盖，而视觉艺术以其强大的包容性却可以把这些艺术门类包含在自身之内。

第三，由于视觉艺术是艺术对象与感性形式在视觉这一审美主体感受性下的结合，因此，视觉艺术在此就凸显出这样一个关键问题：视觉通过怎样的一种机制把原本不是美的东西提升为一种美的东西呢？

我们认为，这个问题是艺术的根本性问题，也是艺术之为艺术的奥秘所在。前面我们已经指出，视觉艺术对象既不同于纯客观的自然对象，也不同于视觉功能之下的自然对象，而是一种美的对象或一种对象的美。问题在于：这种美是如何产生出来的呢？它是通过怎样的一种内在机制而使自然物和人造物成为自然美和艺术美呢？一句话，这种美的发生学的关键在哪里呢？它又包含了什么内容呢？这一系列问题，我们认为乃是艺术的一些根本性问题。

二、视觉艺术心理的研究发展

人们对艺术的认知由来已久，关于艺术之美的问题贯穿于整个东西方美学发展史，并成为美学研究的中心。正像我们前面所说的，视觉艺术及视觉艺术心理问题，是艺术的一个基本问题，对于它的探讨与研究，早已进入理论家们的视野并受到他们的普遍重视。但是，由于人类对于视觉及心理的研究到了文艺复兴以后才纳入科学的轨道，所以，作为一门学科的视觉艺术学和视觉艺术心理学的确立，还是近代以来的事情。尽管如此，中外艺术思想史中一些杰出理论家有关视觉艺术及其心理的论述仍值得重视。

（一）古代对视觉艺术的研究

18世纪之前，人们对视觉艺术心理的探讨虽较为零散，但仍有不少有价值的观点，它们为我们进入视觉艺术心理的实质性研究奠定了基础。

例如，早在古希腊，柏拉图就已提出"形式美"的概念，指出形与色的美在本质上是绝对的美，它能激起与生理快感完全不同的美的快感。柏拉图认为，视觉虽不能说是产生美的快感的根源，但它却是产生美的快感的重要媒介。由此可见，柏拉图已将视觉的地位提到了一个较高的位置，虽然这种人类在早期阶段对视觉与视觉艺术的较为直观的把握还没有接触到心理学的问题。

之后，古罗马的普卢塔克在《希腊罗马名人比较列传》中，认为人们对于绘画的喜爱，关键在于绘画的逼真性，它借助色彩产生了一种"好像真实的幻觉"，以此引起人们的惊异与欣喜。

普卢塔克的思想已初步接触到视觉艺术与心理的关系。在他之前，虽然柏拉图也有过类似的观点，但他却以轻视的态度认为绘画的逼真只是哄骗孩子和笨人的东西，实际上绘画不过模仿了事物的外形，根本无法接触到事物的本质，因此没有多大价值。在他的《理想国》里，他甚至把诗人和艺术家驱逐出了他的城邦。普卢塔克与柏拉图不同，他不仅肯定了绘画和艺术家的价值，而且指出了绘画惹人喜欢的原因在于引起人们心理上"真实的幻觉"感，揭示出了视觉艺术对人们审美心理感受的影响。当然，视觉艺术给人的心理感受绝非用"真实的幻觉"所能概括，有时它甚至给人的是一种抽象的刺激。尽管普卢塔克的观点还显得过于简单，但他在两千年前就提示了这种关系，使我们生出由衷的敬意。

西方中世纪占据统治地位的思想是基督教神学思想，在这种神学思想的主导下，基督教教会对艺术采取了排斥的态度，几次掀起过毁灭艺术的运动。例如，4世纪时希阿多什大帝发起的镇压"邪教"运动，使罗马帝国东部境内所有的神庙建筑和绘画、雕塑等艺术品毁于一旦；6世纪法国马赛区的主教也曾命令尽毁圣像；8—9世纪还出现了长达100多年的"销毁偶像运动"，使绘画和雕塑再次受到严重摧残。尽管如此，艺术的魅力绝非思想的专制所能消除，艺术的精神仍对人起着潜移默化的作用。即使在基督教内部，也有人看到了艺术的伟大作用，转而提倡利用艺术为宗教服务，如教皇格列高利一世、托马斯·阿奎那等。特别是阿奎那把艺术的作用提得很高，并指出"最接近心灵的感觉，即视觉和听觉，也最能为美所吸引"。他在此第一次明确地将视觉、听觉和美联系起来。这一把视听觉作为审美感官的观点出现在一个神学家的思想里，不但显得尤其可贵，而且对后来的艺术思想产生了一定的影响。

文艺复兴使西方从中世纪的封建制度和教会神权的桎梏下解放出来，作为"视觉艺术"主要内容的绘画、雕塑等艺术类型得到了空前发展，成为欧洲艺术史上的一次高峰。与此相关，关于"视觉艺术"的理论在这一时期也日趋丰富起来，如米开朗琪罗、拉斐尔、提香等人结合自己的艺术创造都提出过较有价值的理论。其中最有代表性的是达·芬奇，他在其

《画论》中通过比较各种艺术之间的不同，把绘画作为一门科学来对待，反对将绘画列入"机械艺术"一类。这一观点为"视觉艺术"争得了较高的地位。

达·芬奇的论述涉及视觉艺术心理的诸多问题。例如，他说："被称为灵魂之窗的眼睛，乃是心灵的要道，心灵依靠它才得以最广泛最宏伟地考察大自然的无穷作品。"这一看法阐述了视觉对艺术家心理的巨大影响。"绘画依靠着视觉，所以它的成果极容易传给世界上一切世代的人。"这一看法阐述了视觉对艺术欣赏的重要性。"绘画涉及眼睛的十大功能：黑暗、光明、体积、色彩、形状、位置、远和近、动和静。"这种划分是对视觉在视觉艺术中所表现出的各种形式的概括。可以说，达·芬奇的论述为将视觉艺术心理研究推向科学化和精密化指明了道路。

但必须注意的是，这一时期的视觉艺术心理研究总的来说并不算发达，艺术家们更多的是想要从外界找出视觉艺术存在的本质。因此，客观事物的逼真性为评判艺术优劣的标准，因此很少有人真正挖掘到人的心理深层，即使是达·芬奇也不例外。这个问题直到 18 世纪内省式哲学和心理学发展起来后才得以解决。

这个时期，英国的贝克莱写出了他的第一部哲学著作《视觉新论》，认为应该从心理学角度去研究视觉问题。他宣称视觉对象不在心之外，而在心之中。这一观点成为他的主观唯心论哲学的起点。德国的鲍姆嘉通写出了美学史上第一部《美学》，莱辛、文克尔曼、狄德罗、夏尔丹等人的见解也从不同方面涉及了视觉艺术心理。综上所述，思想家和艺术家们对于内心世界的重视促成了视觉艺术心理研究在这一时期的内在化转向。与此同时，19 世纪哲学的繁荣则为艺术理论的体系化奠定了基础。

（二）现代流行的视觉艺术观念

从西方艺术实践上看，19 世纪以来，在视觉艺术领域先后出现了浪漫主义、现实意义、印象主义、新印象主义、后印象主义等多种艺术流派。著名艺术家如群星灿烂，安格尔、库尔贝、罗丹、雷诺阿、塞尚、凡·高、莫奈、高更、毕沙罗、修拉等艺术家在各自的艺术创造活动中，对于视觉艺术心理方面的内容也有过丰富的论述，但相对说来，并不具有开创性的意义。可以说，西方现代艺术直到塞尚，关于视觉艺术心理的探讨才真正实现了由重视外界与视觉艺术的关系到重视内心与视觉艺术关系的转移。

　　塞尚之前的传统艺术理论，只注重艺术家和外部世界两大要素。他们把客观世界当作真实，而艺术的目标就在于模仿这种真实。塞尚认为这种认识是错误的，因为客观世界的真实不过是经典物理学意义上的真实，感觉到的世界和现实世界并不是同一的。艺术家观察世界，是通过感官发生作用的，因此世界是由感觉材料组成的，而不是由物理和化学的元素组成的。但纯粹感官所表现的常常是混乱无秩序的东西，需要经过艺术家心灵的过滤始能使之符合客观世界的秩序。于是，他认为艺术中实际蕴含了艺术家、艺术家的感官和外部世界三大要素。

　　在塞尚看来，艺术家的感官功能具有十分重要的作用。作为一个画家，塞尚对自然所持的态度既是写实的，又是写意的，他不但重视光线的作用，也重视自我的情感表达。在他看来，艺术家的感官能力，特别是视觉对于光线的感受能力对艺术创造具有突出的作用。因此，他在艺术创造中全力探讨与捕捉形体的真实性，并把它们确定下来，从而创造出一个不同于原先的自然世界的画面世界。在这个世界中，虽然有着艺术家自己的情感，但不是直接的表达，而是隐藏在形与体的背后。这些背后的东西对于艺术并非不重要，而是起着提升艺术形式的作用，通过它纯粹的美的世界得以存在。

　　塞尚的艺术实践及由此产生出来的艺术观点可以说是视觉艺术史上的一次重要转折。他不再将人们的视觉活动看作对现实的忠实复制，而是看成是一种心灵的对象化表现；艺术家虽说不应忽略外部世界，但应该更加注重感官的感知及心灵对感知的整理调整。塞尚的这一努力实现了艺术家由外部世界向他的感官及内心世界的转移，从而改变了一代人的视觉方式。

　　20 世纪艺术史上巨大的变革是现代派艺术的出现。野兽派、表现主义、立体主义、未来主义、康定斯基、马蒂斯、毕加索……他们几乎都奉塞尚为现代艺术的祖师。其中，康定斯基的《论艺术精神》、沃林格的《抽象与移情》是现代派艺术的经典性文献。康定斯基认为艺术是精神的外在体现，只有抽象的形与色才能完整地表达精神世界，契合其本质的纯洁性。

沃林格第一次从理论上系统论述了表现主义的历史传统和心理动机。他认为艺术活动的出发点就是线形的抽象，抽象是将外在世界变化无常的偶然，用近乎抽象的形式使之永恒，从而获得了心灵的栖息之所。这种抽象冲动无关乎理性的思索，而是未受玷污的内心本能获得的抽象表现。然而，真正在视觉艺术心理学上具有划时代意义的却是美国鲁道夫·阿恩海姆的名著《艺术与视知觉》。

阿恩海姆是格式塔心理学派的代表人物，他引入了物理学中的"场""力"等概念，第一次全面分析了视觉的诸因素，如平衡、形状、形式、空间、色彩、光线、运动、张力和表现性等。在阿恩海姆看来，每一个视觉式样都是一个力的式样，艺术家的眼睛从外界事物中捕捉到力的式样，从而在大脑视皮层生成一个与这些性质相对应的简略的结构图式。换句话说，艺术家经验到的力可看作是活跃在大脑视中心的那些生理力的心理对应物。因此，视觉实际上就是通过创造一种与刺激材料的性质相对应的一般形式结构来感知眼前的原始材料的活动。视觉艺术的创造和欣赏无不如此。艺术家把这种力的式样或结构通过艺术传达出来，欣赏者由艺术作品的形象结构唤起了大脑皮层中相对应的"力"或"场"，从而产生了平衡、运动等感觉。并不是像有的人所说，这种感觉是由联想和移情作用所引起的。阿恩海姆在他的《视觉思维》和《艺术心理学新论》二书中，继续深化和发展了自己的观点。

阿恩海姆的理论标志着视觉艺术心理的研究由内省式走向了实验式，由思辨式走向数据式，由模糊式走向清晰式，是现代认知心理学在视觉艺术研究中的具体体现。当然，这种方法还不完善，它所做出的结论并不是终极性的，然而它到底使视觉艺术心理研究开始走向了科学的坦途。

三、从不同维度理解视觉心理

（一）视觉平衡

平衡的心理因素也是由于人体内的平衡器官作用所引起的，即人体机能的一种本能，同时也是心理上的一种本能反应。视觉上的平衡主要是一种心理上的平衡，主要取决于视觉样式的"力"的平衡，而不是实际的物理上的"力"的平衡，如大小、方向、色彩等视觉因素，特别是视觉样式的框架，即空间结构的整体框架。

影响视觉平衡的因素很多，其中重力和方向两个因素最为重要。重力主要是由位置决定的，有学者认为，当绘画的组成成分位于整个构图的中心部位或位于中心的垂直轴线上时，它们所具有的结构重力就小于当它们远离主要轴线时具有的重力。也就是说，一个视觉样式的组成成分位于框架的中心部位，或在中心的垂直轴线上，它们的结构重力最小，而偏离得越远则结构的重力就越大。一般来说，在一个方形的平面框架中，下部要比上部的重力大，右边的要比左边的重力大一些。方向与重力相同，也与位置有关，对视觉平衡有一定的影响，因为重力可以吸引周围的物体，并对周围物体的方向产生影响。实际上影响视觉平衡的因素非常多，形状的大小、色彩的深浅，以至于人的兴趣都会对视觉平衡产生一定的影响（图 2-1-1）。

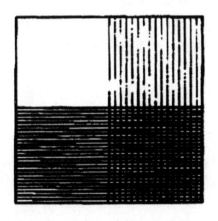

图 2-1-1　平面框架中重力的分布

在没有情景线索时，也就是在我们单独看到一个椭圆形时，我们就会认为它就是一个椭圆形。而在具有情景线索的提示下，也就是当从侧面看到一个钟表的椭圆形时，我们就可以知觉它是一个钟表。我们决不会认为钟表是椭圆形的，而不知道它是圆形的（图 2-1-2）。

图 2-1-2 图形的恒常性

（二）视觉艺术心理

实验心理学发现，颜色对人的心灵能够产生十分明显的影响，各种颜色甚至与特定的情感反应有某种对应关系。例如，红色对应兴奋、热烈、庄严，黄色对应活跃、欢快、明朗，蓝色对应清秀、广阔、朴实，白色对应纯洁、淡雅、明亮，黑色对应沉闷、紧张、恐怖，紫色对应珍贵、高贵、华丽，橙色对应快乐、严肃、热情，青色对应清冷、朴素、秀丽，绿色对应自然、大方、美丽等。

但是，这种对应关系又不是单一的，固定不变的，而是复杂的，有时发生着重大的变化。例如，一种颜色给人的感觉在不同的情况下是不同的，有时甚至完全相反。例如，红色既可以象征光明，又可以象征血腥；黑色既可以是宴会礼服的颜色，又可以是丧服的颜色；绿色既让人想起青春的活力，又让人想起深夜豺狼凶恶的眼睛；蓝色既可以让人平和，又可以让人忧郁。看来，色彩感和人类的情感之间并不存在着简单的一一对应的关系。但不管怎样，视觉上的色彩感的确能使人产生生理性和心理性的某些变化。这当然就涉及了视觉艺术心理学的问题。

所谓视觉艺术心理学，就其基本含义言之，即研究人的视觉、人的心理、视觉艺术三者之间相互关系的一门科学。它包含了视觉艺术、视觉和心理三种要素。

心理是人的一种内在的意识活动现象，一般说来，任何人，甚至任何生命有机体，都有一定的主观意识活动，它们直接地发生在人的主观心理之中。

从起源来说，心理活动一般包含三个方面的因素：首先，心理源于外部对象与人的各种感性器官的交互作用，它们是心理内容的客观因素。其次，没有对象和感受器官，心理便不可能产生。再次，心理又有一定的独立自主性，特别是作为主体的人的心理，它感受于外部世界而生发运动于主观心灵世界，具有自身的完整性和规律性。这些都是一般心理学所研究的课题。

心理学是一门包含了丰富内容的综合学科。作为一门独立的学科，心理学只是在近代才形成和完善起来的。有关心理的认知功能、社会功能等方面的内容，近代以来的心理学家都曾给予不同的揭示，创立了不同的心理学派。例如，近代的很多学者对视知觉的研究成果推进了认知心理学这一门类的研究深度。视觉心理应该属于心理学的一个分支，它着重于研究视觉功能在人类心理的作用、地位、规律、形态与意义等方面的问题，特别是研究以知觉为中心的意识与认知等方面的问题。

相比之下，视觉艺术心理则是一门综合的边缘性学科，它涉及心理学和艺术学两个方面。具体来说，它是视觉心理和视觉艺术交叉而成的一门新学科，其主要关注的问题是视觉如何转换为一种审美的心理功能，或者说，是心理功能如何使视觉对象在视觉的形式下呈现出美的意义。也就是说，视觉艺术心理旨在揭示视觉、心理、艺术三者的内在关系，并统一在视觉艺术这一主客交融的艺术形态之中的内在规律。

对于这个维度的问题，中西方很多学者都从不同的角度给予过深刻的论述。皮亚杰认为从儿童到成人，人的视知觉是在不断变化的。对于处于最初阶段的儿童来说，不存在不变的物体，世界只是每一瞬间都在变动的连续的画面。其中存在的不是单一的空间，而是以儿童身体为中心的多空间的系列。因此，也不存在物与物之间的因果关系，只有由行为导致的因果。故而也不存在未曾对象化的、有固定的空间位置的事物。在其最后阶段，才会有一个物体稳定的、空间单一的、物与物互为因果的世界。

皮亚杰的理论基本上是生理发生学的理论。在他看来，视知觉感受的一切，往往与生理发展阶段紧密相连。皮亚杰为我们更加深入地理解视觉艺术特别是现代派的视觉艺术提供了契机。例如，在幼儿绘画中，幼儿很少去注意各种定向的差异，他们甚至将一个人的各部位画得七零八落，没有一个统一的空间构架观念。现代派艺术的绘画方式和儿童画有着某种相似之处。他们试图打乱三度空间的逻辑结构，使创造出来的形象与基本视觉概念发生分离。当他们去表现一个人物的面相时，往往把一部分脸面与背景融合在一起，从而使脸的空间位置感发生断裂。在西方现代派艺术看来，这才是世界的本质显现。

（三）格式塔心理学

视觉对世界的把握和对艺术的认知，并非只是视觉与生理学问题，它还涉及与大脑的关系。

现代认知心理学告诉我们，脑细胞从眼睛接收或输出信号的活动是一种电化过程。感觉、记忆、幻觉都是脑细胞中电化学活动所产生的刺激引起的。脑和眼之间的关系既复杂又神秘。目中所睹往往对脑产生影响，进而引起各种生理反应。例如，长时间注视红色，会使人呼吸加快，心跳加速，血压升高；相反，长期身处蓝色之中，会使人血压降低，呼吸减弱，心跳减缓。据报道，国外有位深谙此道的足球教练，他让自己的队员平时在墙壁涂成绿色的房间里休息，而到了临比赛前的动员会上，则将队员召集到一个布满红色的屋子里去进行鼓励。这正是充分利用了视觉色彩对人的心理的影响力。反过来，大脑受到刺激后对视觉的影响也很强烈，如脑内受到电刺激会使人眼前见到闪光，精神病患者会产生一系列的视幻觉，头痛有时也能使人产生视觉混乱。

在正常情况下，人类观看外物时，两眼各自的视网膜中的图像是略有不同的，但大脑却能将它们轻而易举地融合为一个单一的形象。在"双目视觉"的试验中，同时给两眼各看一个不同的形象，一有可能，大脑便会将两者合二为一。按格式塔心理学的说法，这是因为大脑总是企图修正外来刺激使之适合于简洁的原则。

有意思的是，大脑虽然对视觉感受起着决定作用，但大脑所具有的一切功能是和感知觉分不开的。作为人类的大脑，它还有一个重要功能，那就是不断地去追寻生存的本质和意义。"上穷碧落下黄泉"，在自然界、在艺术中去发现、去创造出意义来。然而这种意义的创造和赋予往往是与人类的感知觉共同分享的。不少学者对此有着明晰的认识。巴赫金在他未完成的但却有着广泛影响的学术著作《文艺学中的形式方法》里就曾指出，视觉问题在形式主义中占有重要的地位，"作品并不是为了思想、感觉或激情，而是为了眼睛而存在。应当对视觉这一概念进行深入分析"。

但遗憾的是，人们却总喜好用推理和思考的方式去谈论价值和意义，而斥感觉为形而下的东西。于是，我们的思维在抽象的世界里驰骛八荒，云里雾里而不知其所止。眼睛退化为纯粹的度量和辨识工具，从形象中直接感悟和领会事物意义的能力逐渐消亡了，只在孩童的眼睛和历史古老的记忆里才依稀出现。这真是现代文明人的悲哀。

事实上，意义与感性接受是不可分割的。视觉问题应该被看作对意义的感性接受问题，或者换言之，应被看作负载着意思的感性质量问题而加以阐述。但实证主义明显歪曲了这一问题，他们把感性质量归结为物理和生理因素，把眼睛看成抽象的生理工具，把现象看成抽象的物理因素，从而使二者对立起来。因此，视觉艺术研究的主要任务就在于提升视觉的质量，认清视觉的价值，以此区别于科学对现实的数量认识的意向。

在艺术中，眼睛和视觉形式的认识取向不同于对所发生事情的抽象规律进行思维的认识取向。但视觉形式也绝不是对于感性材料的机械复制，它和大脑一样，都是对于现实的一种创造性把握，只不过在把握的过程中离不开思维活动的作用罢了。人们所面对的世界复杂多样，各有其自身特征，只有以正确的方式去感知，才能把握它们。格式塔心理学派为此拟定了两个原则。

第一，整体性的原则。他们认为，对自然界的感知和描述，仅仅通过个别分析或局部把握是远远不够的。无论如何，假如不能把握事物的整体，不能获取事物的统一结构，真正的艺术创造和欣赏将永远只是镜花水月。眼睛和心灵一样，都体现出其追求事物完整性的积极倾向。

第二，异形同构原则。眼睛所注视的世界虽然繁复，但它却能从中发现对象所蕴藏的力的结构图式，并能在心灵中引起相似的生理力结构图式的对应。虽然这些力的图式实际上都是发生在大脑皮层中的生理反应，但我们仍应坚持所视对象本身的性质，把它们称为只是生理上的一种幻觉的说法是不科学的。如果我们将之视为幻觉，那么色彩也只能是一种幻觉了。因为色彩事实上不过是人类对不同波长的光线做出的一种生理反应罢了。

这两个原则对于我们把握视觉艺术心理非常重要。它的价值，就在于揭示了视觉艺术心理实质上是外部客观事物本身的性质与视觉主体的本性之间相互作用的一种活动。

在它之前，既有柏拉图、托马斯·阿奎那在美的问题上采取了客观论的立场，认为事物的美存在于它自身之中，因此才能感受到其美，它不以人们的意志为转移；又有里普斯的主观论，他认为在审美活动中，获得审美享受的关键不在对象上，而在自我的内部活动上，包括主体在自身感到的期望、欢乐、振奋等状态，审美活动就是把这种自我之情移到对象中去，并将对象人格化以进行观照，从而诞生审美享受，因而，人们欣赏的实际上不是对象，而是自我。这两种学说各自走上了一个极端。格式塔心理学派注意到了主客观的互动关系，因此观点显得较为全面。

（四）社会心理问题

需要指出的是，研究视觉艺术心理，还不能仅仅从视觉自身的艺术发生学和功能结构学等方面来进行，在此还应涉及一个社会心理学的问题，因为艺术和美并不单纯是形式性的，它还包含着丰富的社会历史内容。

例如，古代人眼中的美女就不同于现代人眼中的美女。所谓唐人以肥硕为美和晋人以窈窕为美的审美眼光之不同，显然在于美的标准的时代性不同，而鲁迅所说的"焦大是不会爱上林妹妹"的说法，则与美的社会性乃至阶级性有关了。由此可见，美的艺术离不开它所包含的社会内容，这一点从艺术的起源就可以看出。早在原始艺术那里，美便与当时的社会意识有关。至于近代以来屡为理论家们所提出的"美是道德的象征"之类的观点，更是得到了社会的普遍认同。谁都知道，人是生活于社会之中的，人的心理从某种意义上来说，是社会生活在心灵世界的反映；艺术作为人心的一种创造物，它也脱离不了社会，在艺术的感性形式背后，隐藏着丰富的社会内容。这种社会内容往往是作为普遍的社会心理而存在于人的意识之中的，人的精神活动自觉或不自觉地受到它的影响。这一情况集中地表现在社会心理学中，并成为它的主要内容。艺术心理与社会心理虽然各不相同，但也存在着相互交融的关系，艺术心理离不开社会心理，社会心理无疑是视觉艺术心理的一个组成部分。

美学和艺术学包含着一定的社会历史内容，而视觉艺术心理必然也会受到社会历史内容的影响，甚至有时是决定性的影响，这种影响往往是通过社会心理这一环节产生作用的。因此，艺术心理的一个主要方面是社会心理。人的社会性通过社会心理对艺术心理发生了影响，并进一步对人的视觉发生影响，这样就使得视觉艺术在看似直接的感官形式之中包含了重大的社会历史内容。

总之，视觉艺术心理包含着视觉、艺术与心理三种因素，它们相互融合地展现在两个过程之中：第一，表现为艺术的创造过程。在这个过程中，艺术家通过内在心理的功能转换，创造出具有一定社会内容的、为视觉所直观的表现为一定造型形式的艺术品。在其中，艺术家的艺术创造力、社会感受性和多种综合要素具体地融入感性的艺术作品之中。第二，视觉艺术又是一个艺术的接受和欣赏过程。那些直接为人的眼睛所看到的艺术作品，无论是自然美还是艺术美，都是一种人性化的艺术品，它们对于创造者和观赏者来说，都不是一种单纯的艺术对象，而是渗透着心理与文化等诸多社会内容，并通过人的视觉，在人的心灵引发远远超出于感性形式的心理波澜，并与人的社会历史本性相关联。

也就是说，无论从艺术的创造方面，还是从艺术的鉴赏方面来说，视觉艺术心理都起着至关重要的作用，艺术的一些根本问题都包含其中。

第二节　室内设计中的视觉沟通和表现

一、正投影图

室内设计师使用正投影图将他们的想法和设计传达给目标受众。正投影图是平面的二维投影，如穿过空间的切面，可以是垂直的或水平的。这种图形演示，无论是手工还是计算机生成的，都属于实测图或技术图纸。一般除了气泡图和矩阵，室内设计师最常用的正投影图是平面图（包括楼层平面图和天花反向图）、立面图和剖面图（图2-2-1）。这些图纸通常在项目的方案设计、设计开发和合同文件阶段创建。

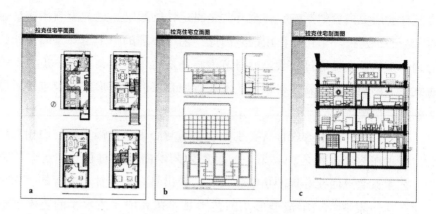

图 2-2-1 正投影图

a：平面图；b：立面图；c：剖面图

一般来说，理解一个空间需要不止一种类型的正投影图。例如，在平面图上表示为 24 英寸周长的桌子无法体现其与其他家具（如附近的沙发）的相对高度，而这类信息可以通过该空间区域的立面图获得。

（一）比例

比例的概念对于正投影图是必不可少的，因为它允许设计者以非常小的尺寸绘制实际的空间和物体，以便在纸上呈现它们之间的关系。比例是测量单位与其代表的完整尺寸之间的比率。比如，我们说某物是以 1/4 英寸的比例或者 1/4 英寸 = 1 英尺 0 英寸绘制的，这意味着纸上 1/4 英寸正好代表实际尺寸的 1 英尺。尺寸改变时，比例不会改变。

建筑和设计领域中使用了许多不同的比例。室内设计最常用的是三角形建筑比例尺，每条边有四个建筑刻度，三角形上共有 12 个建筑刻度。

刻度范围从最大的 3 英寸表示 1 英尺 0 英寸，到最小的 1/8 英寸表示 1 英尺 0 英寸。用于正投影图的最常用的刻度是 1/4 英寸和 1/8 英寸刻度。

1/4 英寸刻度通常用于住宅项目，而 1/8 英寸通常用于大型非住宅空间，如办公楼、机场和酒店。一般来说，选择的比例越大，信息就越详细。较大的刻度，如 1/2 英寸，经常用于描绘立面图和剖面图中的细节。比例必须在图纸上标明，例如，"1/2 英寸 = 1 英寸 0 英寸"。这些建筑比例也可以使用公制。

（二）字体

许多从业者认为手绘最好用手写字体。不仅正投影图上需要书写信息，其他可视展板上也需要书写信息。印刷体看起来很专业，并且可靠一致。用于手写字体的比例越小，就越容易控制。比例越大，线宽越宽。

通常情况下，垂直线不应倾斜。可以使用小的字规来帮助绘制垂直线。铅笔画线力道要轻，颜色要浅，以控制字母的间距、高度和宽度。常用的字体是齐头式，其形状宽而方，通常以大写字母表示。

即使是最标准的软件程序也会提供非常多的字体选项。计算机软件程序提供大量字体、颜色、字号和样式可供选择，使字体选择方便灵活。

（三）平面图

平面图用作一个通用术语，表示任何两个维度（空间的长度和宽度及其内容）按比例投影到平坦表面（即纸张）上的任何绘图。更准确地说，平面图是空间的特定视图，有时称为鸟瞰图，好像观察者正坐在玻璃天花板上俯视着空间，这是设计师最常用的平面布局，当配有家具时，可以称为家具平面布局图。相比之下，天花反向图虽然也是跨越空间的水平切面，但却是从相反的角度来看，就好像地板平面上有一面镜子，映出位于天花板上的物体，如灯具。

由于未在平面图上绘制高度，因此可暂时使用切割线。通常认为这条线是在特定高度处通过平面图的水平切割。切割线上方元素的绘制方式与切割线下方元素不同。例如，虚线表示位于切割线上方的橱柜。因此，多个平面图有助于阐明预期的设计。要提供更完整的空间图像，立面图和剖面图也是必不可少的。这些技术性和具体性的平面图包括拆除、建造、电力和通信方案。

在正投影图中遵循某些惯例来传达特定信息，例如窗户、墙壁、隔板、门和楼梯。有些惯例涉及线宽和线的类型，其他一些则涉及图形符号和摆放位置。

1. 线宽

所有图纸的一般经验是使用最大的线宽（最暗或最粗）来表示墙壁；使用中等线宽表示装置和家具；使用最小的线宽（最轻或最细）表示细

节。通过对平面图中的不同组件使用一系列不同类型的铅芯（石墨）来实现这些不同的线宽。

铅芯从软到硬的不同类型用数字和字体来表示。B（通常用于素描）是最柔软的铅芯类型，H是最硬的。最软的铅芯画出的线条颜色最深。通常用于室内设计目的的铅芯型号是F、H、2H、3H和4H。F或H这些特殊类型的铅芯较软，适用于墙壁，画出的线条颜色最深（设计师可以使用一种叫poché的技术，将墙的两条线填满，以创造出墙的厚度。poché这个词源自法语"口袋"）。稍微硬一点和颜色更淡一些的2H铅芯用于家具和楼梯，用折线或虚线表示橱柜和拱门。质地最硬和颜色最浅的铅芯是3H或4H，用于地板表面或细节，如渲染大理石。绘制的每条线必须从头到尾保持相同的线宽。

2. 符号

所有平面图都应指明场地的方位。平面图定向的标准惯例使用指向北方的箭头或字母N表示。补充附图时，如立面图或剖面图，需要交叉引用（图2-2-2）。将平面图与相应的立面图或剖面图相连接的典型方法是，将一个箭头指向立面图中显示的细节或剖面图中绘制的组件，然后用数字标记该细节或组件，用圆圈圈起来。

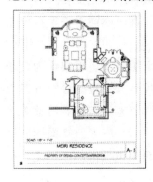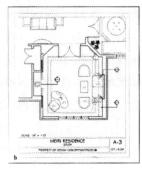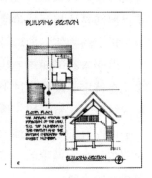

图2-2-2 交叉引用

a：主要楼层平面图；b：主要楼层平面图的特写，用符号交叉引用；
c：插图来自戴安娜·贝内特·沃茨

不同类型的平面图需要不同类型的符号。比如，在天花板反向图中，使用特定符号来指明照明装置的类型，如枝形吊灯。平面图通常包括图例、符号列表及其解释。

（四）立面图

平面图显示了布局和家具的顶部，立面图显示了建筑的高度和细节特征，如装饰线条和家具（嵌入式橱柜、窗户装饰和艺术品）。

立面图源自平面图，就好像你在房间里，面对着一堵墙。立面图不像平面图一样是空间的水平切面，而是垂直切面。要在立面图中显示墙壁的剖面图可以基于几个考虑。一个目标可能想要突出在平面图上看不到的内部特征，要么是因为它们与切割线的关系。例如选择在地板上方超过 5 英尺的冠状成型，或者可以选择墙壁。要么是因为它突出了建筑特色，如壁炉，或独特定制设计的木制品，如橱柜或窗户装饰（图 2-2-3）。

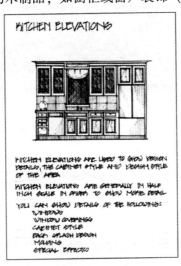

图 2-2-3　住宅厨房墙壁的立面图

立面图是二维的。按照标准惯例，表示地板的线条比表示天花板的线条更粗。细节应使用比家具更淡的线宽来绘制。

如果创建立面图只是为了演示所用，而不是作为施工合同文件的基础，那么立面图可以不包含书面信息，如维度和其他技术数据。但是，与平面图和剖面图一样，立面图的绘制也基于比例，包含标题、符号和比例表示法。相比楼层平面图，客户通常更容易理解立面图。与平面图一样，立面图也可以通过渲染技术进行修饰。

（五）剖面图

剖面图是建筑物或室内结构的切面，显示出更详尽的细节。室内部分通常以1/2英寸的比例完成。设计师可能希望选择壁炉、橱柜和其他定制家具作为剖面图绘制的样本（图2-2-4）。"细节"一词可用于描述物体设计的剖面图（图2-2-5）。不同的线宽用于区分外部或外部限制（颜色最深的线）及内部细节（颜色较浅的线）。与立面图一样，剖面图必须与楼层平面图交叉使用。当剖面图用作合同文件附件时，还应注明有关结构和材料的规格。

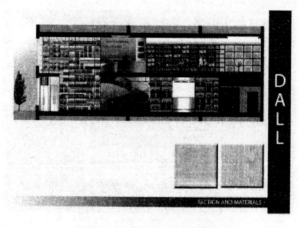

图 2-2-4　两层大楼的剖面图

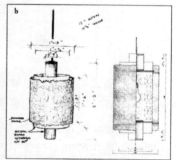

图 2-2-5　细节

a：家具和工作室的立面图；b：灯具的细节

二、立体图

正投影图通常需要多个图纸，而立体图则不同，其通过使用单个图形提供更真实的空间视图。立体图分为轴测图或透视图。

（一）轴测图

轴测图通常被认为是三维绘图中最简单、最容易、最准确的绘图，有些原则适用于不同类型的轴测图：垂直线彼此平行绘制。使用与绘制平面图相同的比例。平面图中使用的家具的宽度和长度测量值保持不变，这样不仅增加了墙壁的高度，还增加了每件家具和建筑元素的高度，如门窗。

（1）平面轴测图。从现有平面旋转到设计者选择的角度的投影轴测图，称为平面轴测图或轴测。最常见的选择角度是 30°—60° 和 45°—45°。每个选择的总度数总是加起来为 90°。如图 2-2-6 所示，30°—60° 角是更自然或更逼真的视角；45°—45° 的视角看起来更陡峭。

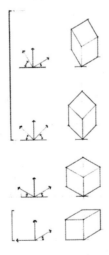

图 2-2-6　轴测图

（2）等角投影图。等角投影图的绘制也依赖于角度的使用。在这种情况下，共有三个轴，每个轴都是 30°（图 2-2-7）。绘制这些图纸比平面轴测图更费时间。圆在等角投影图中被绘制为椭圆形，或使用模板套用格式。这些图纸通常用于传达形式和空间的关系，以及技术和施工文件。

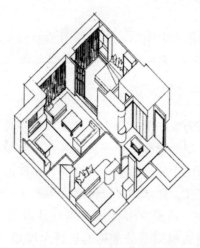

图 2-2-7　等角投影图

[尼古拉斯·波利蒂斯（Courtesy of Nicholas）提供，时装技术学院]

（二）透视图

三种类型的透视图——单点透视图、两点透视图和三点透视图——都是三维立体展示。由于三点透视法在室内设计中并不常用，因此我们不对此进行探讨。透视图对于客户端演示尤其有用，因为其视图比空间的正投影更自然。

采用不同方法制作的透视画可以用来展示简单的概念和想法或更复杂的技术信息。所有类型的透视图都具有某些基本特征。

（1）单点透视。这种类型的绘图之所以如此命名是因为其有一个位于地平线上的灭点。相同尺寸的平行线形成天花板、地板及两面墙。选择站点的三个主要因素取决于想要在图纸中捕获的内容。如果三面墙具有相同的重要性，人们会希望面向后墙的中间部分观察空间，这样，左壁和右壁都将具有相同的尺寸并且具有相同的重要性。

我们从灭点在右侧的透视图（图 2-2-8）中可以知道右墙对于设计来说没有什么意义，也许它只包含一扇保持原样而不需要翻新的门。灭点在左侧则表示左边的墙不重要。

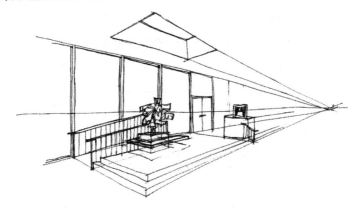

图 2-2-8 有一个右侧灭点的单点透视图

（2）两点透视。像单点透视一样，两点透视在视平线位置上也有一条水平线，但这一次这条水平线上有两个灭点。右边的称为右灭点（RVP），左边的称为左灭点（LVP）（图 2-2-9）。改变站点的位置就可以改变视图，单点透视图也是如此。

图 2-2-9 具有左右灭点的两点透视图

（3）基本几何形状。几乎所有的单点或两点透视图都可以使用立方体、球体、圆锥体和圆柱体四种基本的三维几何形状创建，可以单独使用，也可以组合使用。

（4）平面图投影方法。此方法有时被称为精细线性透视图，是基于完整的平面图和按比例缩放的立面图绘制而成。通过平面图投影，可以尝试获得空间的最佳视图，所以必须要选择视图的类型。因此，站点和视锥的位置是重要的考虑因素。

（5）准备网格法。另一种绘制单点或两点透视图的方法是使用准备好的网格。可以创建网格并将其用作参照，使用第二张纸作为叠加层，避免必须擦除网格时无从参考。也可以购买多种格式的网格，不同的格式具有不同的灭点、站点和视锥，因此就会产生不同的视图。应注意的是，需要使用准备好的网格进行操作以适应不同的情况。使用此方法制作一张完整可用的透视图往往需要一系列图纸作为辅助。

三、渲染

对于设计师来说，用简单易懂的方式让客户了解整个设计非常重要。渲染就是其中一种方法。渲染将线条图转换为深层次的展示，清晰地传达设计概念，将其建议的选择放在一起呈现效果。如果对图纸进行简单渲染，那么花费少、耗时短；如果进行复杂渲染，则花费多、耗时长。

无论是快速草图还是更复杂的图纸，渲染可以增强任何一种图纸的表现效果。渲染不仅限于透视图，还可用于楼层平面图和立面图，以添加更多信息并引起视觉兴趣。例如，在与客户见面讨论物理布局时，设计师建议的配色方案、图案和材料与布局密切相关。

可以使用彩色铅笔或马克笔快速给草图上色，这些方式易于涂抹而且不需要干燥时间。在平面图中另外添加铅笔或墨水的肌理渲染可以使人们更好地理解所用的材料。

下文所述的渲染工具种类繁多，可单独使用或加以组合。虽然本书提供了一些建议和技术，但最好多尝试其他方法，并结合其他用品一起使用。

主要渲染工具有铅笔、墨水、马克笔和水彩，有时可使用炭笔、粉笔、粉蜡笔或水粉。这些工具可以单独或组合使用。

（一）铅笔

铅笔是一种相对便宜又方便的渲染工具。使用石墨（"铅"）铅笔是渲染阴影和肌理的有效工具，能够增加平面图和立面图深度。如图2-2-10所示，说明了铅笔渲染的各种技术，如浓淡处理、影线、交叉影线和点画。彩色铅笔适用于多种类型的纸张。纸张越光滑，颗粒感越小，渲染结果越均匀。初步草图或已完成的演示图纸中也可以使用铅笔。

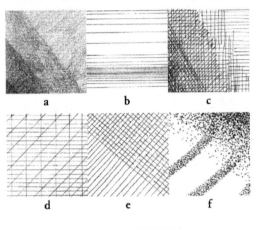

图 2-2-10　铅笔渲染

a：浓淡处理；b：影线；c：交叉影线；d：交叉影线；e：交叉影线；f：点画

（二）墨水

墨水渲染通常使用防水黑色或棕褐色（棕色的一种变体）来创建渐变色调值。通过缩小笔画之间的间隔，从浅到深的色调便形成了。

（三）马克笔

因为马克笔使用方便并且几乎立即干，所以被称为快捷工具。马克笔也称为工作室马克笔或美术用马克笔。马克笔是一种多功能的便捷工具，既适用于初稿，也适用于成品图。

许多马克笔带有两个不同的笔尖（末端）：一个宽（钝），可以向三个位置转动以产生三种不同的宽度，另一个笔尖则更为精细。超细马克笔类似于签字笔，用于绘制线条。马克笔有多种颜色可供选择，可以通过颜色叠加来产生更多的颜色组合。把一种颜色叠加在灰色上可以改变该颜色的明度和色度。无色马克笔（称为调和笔）也可用于柔化色彩之间的边缘。

创建马克笔颜色图标作为参考十分有用。

在吸水性强的纸张上使用马克笔时，如证券纸和布里斯托卡板纸，颜色不太容易混合，而且，显色更饱和、更深。相反，用于吸水性较差的纸张上时，如牛皮纸和临摹纸，马克笔颜色更柔和、更浅。所以，使用证券纸做标记是明智的选择。把颜色涂于临摹纸的背面时，会产生较浅的色调。铅笔通常用于强调马克笔渲染部分，包括白色铅笔。

（四）水彩

水彩是最常用的绘画工具。出色的水彩渲染图是精美的画作。这不仅需要高超的绘画技巧，还需要投入大量的时间和金钱。所以，这些水彩渲染图更有可能用作演示图纸完稿而不是过程图。

虽然水彩图不太适用于非住宅项目，而且计算机也可以生成渲染图，但一些室内设计公司仍继续使用水彩进行绘图。

水彩颜料可以是透明的，也可以是不透明的。为方便起见，透明的水彩颜料通常置于水彩盘内，更广泛地用于渲染室内空间。不透明的水彩颜料可用于弥补初始渲染中的错误。

水彩需要分层使用。因为是水性颜料，所以需要时间来干燥。使用这种工具进行渲染时，颜色搭配是一个重要因素。白炭笔也可用来修正错误。

水彩渲染的效果很大程度上取决于所用笔刷的种类、质量及绘画技巧。貂毛笔比合成纤维刷要贵得多。纸张选择是影响成品水彩画外观的重要因素。吸水性强的纸张要与湿性或水溶性介质一起使用，如水彩。水彩纸有不同的重量和表面处理形式，以片状或块状出售。三种表面处理形式分别是热压（光滑表面）、冷压（有轻微的锯齿状或肌理）、未加工（明显肌理）。室内设计较少使用未加工的水彩纸进行水彩渲染。使用片状纸张时，纸片重量应在140磅或以上，否则，纸张上会形成波痕。140磅或更轻的纸张应采用块状形式使用。插图板冷压80号纸非常适合水彩渲染。尽管冷压纸张吸水性差，但其表面呈轻微锯齿状，因此能保留水彩的颜色。

水粉（和蛋彩画）颜料比马克笔和水彩更不透明，既能创造出柔和的效果，也能制造出硬朗的风格。使用水粉渲染通常耗时更长，但却是渲染室内效果图的传统方式。

总而言之，视觉心理和视觉艺术是室内设计过程中不得不考虑的要素，本章对视觉心理学基础和视觉设计理论进行简要概述，接下来通过室内色彩设计、材料设计、空间设计等内容进一步体现室内设计的视觉表现。

第三章　室内色彩设计

色彩一直围绕人类生活而存在，涉及领域广泛，包括人类的衣、食、住、行，甚至人类所使用的语言或情绪的描述。色彩和人类如此接近和熟识，但要真正了解色彩，我们突然发现它又是那么遥远和陌生。今天色彩影响着人类的生活和思维，在室内设计专业里，色彩涵盖了所有的装饰材料、家具及生活中的一切用品，甚至包括室内的所有墙面，我们都可以使用不同颜色涂料，或者采用不同色彩的装饰面料或色彩丰富的瓷砖等。在室内装饰的素材里，色彩是最具影响力的一种元素，同时，在室内设计专业里，色彩的设计是比较经济的一种设计手段，而且最容易产生装饰效果。通过色彩合理搭配或组合，会更加强烈烘托室内气氛，并以此改变人们的生活质量。大部分人对色彩并不敏感，也欠缺有关色彩的一些知识，这正是我们研究室内色彩设计的重要原因之一。

第一节　室内色彩设计基本原理

物理学家、数学家牛顿（1642—1727）发现光线通过三棱镜能折射出红、橙、黄、绿、蓝、靛、紫七种颜色，类似我们在雨后常见到的彩虹现象，经过进一步研究，牛顿指出世界万物并非自身有颜色，而是因为阳光照射，各物体吸收了部分颜色，将它所不能接受的颜色反射出来。因此，我们才能看到这色彩缤纷的世界。

在人类发展的过程中，色彩理论家如牛顿、蒙塞尔、伊顿、歌德、达·芬奇和其他色彩专家们努力不懈地通过自然科学和心理学知识，尝试了解色彩如何极大地影响人类的生活。因为色彩是主观的又是感性的，所以很难对其进行细微分类，但是经过色彩专家不遗余力的研究，最终创立了多种色彩系统解说色彩，形成各家理论，给我们进行相关研究奠定了良好的基础。

一、色彩相关的概念

（一）何谓色彩

1. 电磁波谱

为了合理准确地运用色彩，使色彩与家居相得益彰，我们必须充分了解色彩。色彩是真实的吗？抑或仅是一种感知？这取决于你对"真实"的定义。正如彩虹一样，色彩本身不是实体，而是光的一种物理属性。每种颜色沿着不同波长的光进行传播，组合形成光谱（图3-1-1）。在这个光谱中，可以被肉眼感知并被大脑理解的部分称为可见光。这些颜色，或者说波长，具有不同的频率。黄色、红色和橙色的波长最长，我们视之为暖色；而绿色、蓝色和紫色的波长较短，我们视之为冷色。在随后的部分中，我们会将冷暖色的概念与家居联系起来，而为了帮助我们理解色彩，这里先行引入这一概念；由于光线变化（受时间、季节影响）和周围其他颜色变化的影响，色彩本身也在变化。

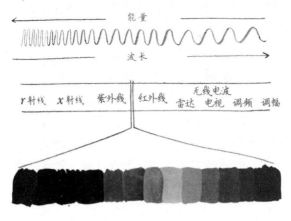

图3-1-1 电磁波谱

2. 如何看到色彩

让我们举一个简单的例子，以此说明我们看到色彩的过程。苹果看上去是红色的，其实，那是因为红色波长反射到我们眼睛里，所以它看起来是红色的。其他颜色的波长（橙色、黄色、绿色、蓝色、紫色）都射向苹果，但都被苹果吸收了，而红色被反射回来，因此我们看到的是红色，大脑感知的也是红色。然而从科学的角度来讲，苹果的实际颜色是除去红色之外的所有颜色。这也是我们倾向于将物体视为"色彩载体"，而非"色彩实体"的原因所在。

当光线射入视网膜的时候，色彩的感知过程就开始了，视网膜位于眼睛后部，那里分布着不同类型的感光细胞，即视杆细胞和视锥细胞。视杆细胞能帮助我们在弱光条件下看清物体，但不能使我们看清色彩。视锥细胞则在更精细的层面上进行工作，使我们能够识别特定颜色。视锥细胞有三种类型，分别对应红色、绿色和蓝色。因此，当我们观察苹果的时候，我们的红色视锥细胞会看到这个苹果，并向大脑发出信号——这个物体是红色的。

再以黄色为例。当我们观察香蕉的时候，并没有黄色视锥细胞向大脑发出信号。事实上，光线进入视网膜，红色和绿色视锥细胞被激活，因为这两者最接近黄色，随后我们的大脑会将两个信号结合起来，并把组合信号理解为黄色（图3-1-2）。通过结合红色、绿色和蓝色，大脑就能让我们看到无数种色彩组合。科学家将这一知识运用到相关技术中去，例如，电视成像，电视屏幕会发出红色、绿色和蓝色的光，但借助大脑的色彩感知方式，我们能够在屏幕上看到各种颜色。因此，当我们在屏幕上看到黄色时，电视机实际上只发出了红色和绿色的光。理解了大脑感知色彩的方式，有助于我们理解人们对色彩的不同感知及不同情感。

我们有必要了解：大脑只使用三种色彩来解释和创造每种色彩，而这也将有助于我们对色彩复杂度的理解，以及对色彩个性化的认知。这种认知并非固定不变，每个人对色彩的感知和反馈都与他人不同。我们拥有着不同的色彩敏感度、迥异的思考方式及千差万别的联想能力。

图 3-1-2　色彩感知原理

（二）色环

掌握了色彩科学的相关基础，就可以体验色环的力量了。你有没有想过，为什么某些既定色彩会在家居配色中显得十分协调？色环是一种将色彩关系视觉化的工具，它能帮助我们回答这个问题。色环由原色、间色和复色组成。几个世纪以来，艺术家、科学家、心理学家和哲学家们都在研究色环，以求了解色彩对人类思想、身体及意识产生的影响，这种影响极其微妙而又繁杂多样。

1. 原色

原色之间彼此等距分布。原色分别是红色、黄色和蓝色（图 3-1-3），它们不是由其他颜色混合而成的。

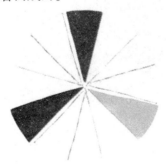

图 3-1-3　三原色

2. 间色

间色是由两种原色混合而成的颜色。例如，红色和黄色混合成为橙色，蓝色和黄色混合成为绿色，蓝色和红色混合成为紫色（图 3-1-4）。

图 3-1-4　间色

3. 复色

复色是由最为接近的间色和原色混合而成的颜色。例如，红色和橙色混合成为橙红色，绿色和蓝色混合成为蓝绿色。有了色环以后，就可以无限地混合颜色。在光谱分析上，白色实际上是所有颜色的集合。而在美术绘画中，如果把所有的原色混合在一起，最终会得到黑色（图 3-1-5）。

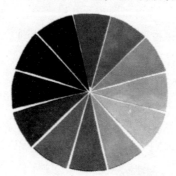

图 3-1-5　复色

（三）暖色和冷色

彩虹可被分成暖色和冷色。知晓色彩原理后，即可借此营造空间的氛围。

暖色是指红色、橙色、黄色，以及介于这三种色相之间的所有色彩。这些是前进色，给人以物体距离更近之感，使大空间感觉变小了。暖色会让我们想到热量、阳光和温暖，使空间更为温馨舒适。有些时候，仅仅看着这些色彩，我们就能感受到温暖；如果房间选用暖色，你会感觉整个房间的温度都在升高。通常，它们被视为激励的色彩，常用于激发活力、促进运动。

冷色是指绿色、蓝色、紫色，以及介于这三种色相之间的所有色彩。这些色彩是后退色，与暖色相比，冷色在空间上的表现力有所下降，给人以广阔之感，看起来像是在把墙壁向外推。冷色会使空间更显轻松，更加广阔，更为凉爽。这些色彩会让我们想到清水、天空、冰雪，以及偏冷的温度。通常，它们被视为沉静的色彩，常被用于舒缓神经、放松自我。

每种色彩都有冷暖之分（图3-1-6）。例如，尽管红色属于暖色，但是冷红色会含有更多的蓝色，而暖红色则含有更多的黄色。回想一下蜡笔盒，还记得黄绿色和绿黄色吗？两者差别甚微，但色彩确实不同，它们实际上都是绿色，但是含有更多黄色的绿色会让人感觉更加温暖。相信在鉴别诸多色彩之后，我们定会练就一双慧眼，分辨出冷暖色之间的细微差别。

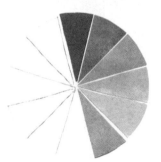

图3-1-6　暖色和冷色

（四）暖中性色和冷中性色

中性色是指色相繁多、轻柔缓和的明亮色彩，这可能与我们的一贯认知有所出入。许多人会选购灰色沙发、米灰色涂料，然后将之布置到明艳的"流行色"中去，而我们可以打破这种旧习。与之相反，当我们走进房间时，希望放慢脚步，自主思考，层层递进，深入探索。如果有人认为中性色是无彩色，未免有些断章取义，因为事实恰恰相反。

中性色可能"看起来"没有什么色彩，但在多数情况下，中性色的色调都有其底色支撑，色彩随之产生微妙变化，这正是它的意义所在（图3-1-7）。举例来说，白色是奶油白、象牙白等色彩的统称，但白色的细分色彩则千差万别，它可以偏向任何一种色彩。我们可以调和出蓝白色或者粉白色。去涂料店里逛一圈，看看店员能提供的所有白色涂料，我们就会有所了解。或者，尝试如下练习：在白布上画出一枚白鸡蛋。你将发现，这枚"白"鸡蛋里，会有绿色、紫色、最浅的蜜桃色，甚至其他更多的色彩。

寻找到中性色的底色，将有助于我们更好地理解和搭配中性色。举例来说，如果想用蓝色进行装饰，缀以灰色会令其更显灵气；若要强调蓝色，便需搭配暖中性色和橙色（橙赭色或褐色）。认识并利用这些变化和差异，可以让我们尽情掌控家居色彩。

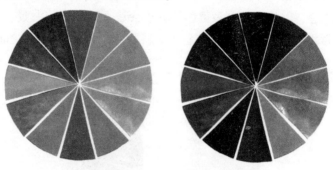

图3-1-7　暖中性色和冷中性色

（五）互补色

互补色是指在色环上彼此相对的颜色。当出现在同一房间中，它们就会相互增强。用互补色创造小幅装饰图案，是玩转色彩和开始家居配色设计的巧妙方法。

1. 红色和绿色

说起调色板中的红色和绿色，你可能会想到圣诞节，或是像莉莉·普利策（Lily Pulitzer，美国知名时装品牌，主打清新暖人的热带印花风格）服装上所用的凯利绿和亮粉色。此外，红色和绿色还有更多的搭配方法。想象一下，从浅浅的苔藓绿过渡到更深的绿色，这中间的所有搭配是何其丰富。

2. 蓝色和橙色

提到这两种色相，你可能会想到纽约大都会队（New York Mets）的撞色队标，将之运用到室内，也会成为美丽的配色。尝试一下藏青色、锈橙色，有时天然材料的色彩用起来会比平面绘画的色彩更加顺手，如橙赭色而非橙色。可以使用这些色彩的明亮色调，如钴蓝色作为强调色。

3. 黄色和紫色

黄色和紫色的组合看起来有些古怪，但是我们可以选用两色不同的饱和度来创造出乎意料的组合。奶油黄和偏金色的中性色会是房间绝佳的基调色，然后使用繁复的紫色，如紫心植物（紫竹梅）的色彩，并借用绿色和红色来突出黄色（图3-1-8）。

图3-1-8　黄色和紫色的组合

二、室内色彩设计理论基础

提及纯色的时候，人们大都以为红、蓝、黄三原色是纯色。对于其他颜色，我们不认为是纯色。其实，纯色的定义就是颜色中没有调和黑、白、灰等颜料的颜色。

色环上所有色彩都源自红、蓝、黄三种不能被调和的三原色。虽然色环上的色彩均由其他颜色按不同的比率互相调和而成，但从始至终都没有调和任何比率的黑、白、灰，所以色环上所有色彩都是纯色。

色环上过多的颜色不能让我们识别色彩之间的细微差异。但在色彩缤纷的大自然世界里，我们观察到季节的变化、万紫千红的鲜花、色彩斑斓的飞鸟、五颜六色的星星及海洋生物，等等。我们发现并了解到，如果仅仅以色彩专家提供的色环颜色（纯色），无论是 12 色（图 3-1-9）、48 色，还是更多，还是不足以描述我们眼中所观察到的千变万化的色彩。

大自然的色彩是以不同的明暗、浓淡或不同的灰度呈现在我们眼前的，绝不是色环上简单的纯色可以替代的。色环上的纯色如果与不同比率的黑、白、灰各自调和，结果是除了得到色环上已具备的纯色外（12 色或 48 色等），我们还将会获得色环上每个纯色不同深浅（明暗、灰度）的颜色。

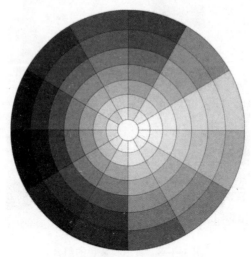

图 3-1-9　12 色色环

色环上的色彩（纯色）可以是 12 色、24 色、48 色或许多。而且每个纯色的深浅（明暗、灰度）可以不只是 9 个色调，甚至更多，所以当纯色经过黑、白、灰调和后所产生的色彩以倍数激增时，就形成了我们眼中多姿多彩的世界。

我们知道光线（日光、灯光）里存在着 7 种不同波长的颜色光，所以我们能看到色彩。我们为什么能看到红色的苹果呢？是因为苹果上除了红色的光被反射外，其余 6 种颜色的光都被吸收，所以我们能看见红色的苹果。当 7 种颜色的光全都被反射时，我们只能看到白光；要是全被吸收了，就只能看见黑色。在色环上我们看见明亮的黄色或深邃的紫蓝色，绝不是调和了黑、白、灰等颜色的（因为色环上都是纯色），而是颜色本身的色光。虽然纯色和黑、白、灰调和后获得丰富的色彩，但是，在色彩学科里，黑、白两色是没有颜色的，不是色彩。即便如此，我们仍然可以在日常生活及自然界中，找到黑、白、灰的存在。

蒙塞尔采用后印象（互补色）理论为色彩结构基础建立了蒙氏色环。因为其色彩结构比伊顿色环更为复杂，大家不易理解，所以在此只对蒙塞尔色环做一个简单介绍。蒙塞尔根据色彩的纯度、光暗、明度等数值对色彩系统进行分类。

（1）纯色（Hue）：指没调和黑、白、灰的颜色。

（2）色度（Tint）：色环上任意一个颜色（纯色）与不同比率的白色调和而成的。

（3）色调（Tone）：是按不同比率的灰色与色环上任意一个颜色（纯色）调和而成的。

（4）色纯（Shade）：是按不同比率的黑色与色环上任意一个颜色（纯色）调和而成的。

我们可以采用黑、白、灰互相调和的基本原理，解说颜色的结构。

当 100%黑色（纯色）以 10%白色调和至白色（纯色）时，黑色的纯度以 10%递减。黑色将从纯黑转变为深度灰到中度灰（色调）——中度灰是 50%黑色调和 50%白色而成——再从中度灰推移至浅度灰（色度），最后到 100%白色。

当色环上任何一个纯色与黑、白、灰相互调和后，将会产生更多的色彩。

色环可以从 12 色增至 48 色或者更多，再加上黑、白、灰的比率更为细微，如 1%的增减，颜色的数量将以天文数字激增，从而对大千世界的色彩变化，我们会有更全面的认识和了解。

第二节　色彩设计在室内设计中的作用

一、通过配色唤起感官知觉

（一）实物与色彩

除欣赏之外，我们可以通过触摸、品尝、嗅闻与记忆来感知色彩，并获得强烈的色彩感受和体验。对色彩的独特感知进行探索，是让房间焕发生机、展现个性的关键。我们都有自己的记忆与对色彩的联想能力：校园旁的枫树叶，可能会让你有家的感觉；而自家门前的那抹绿荫，也能让你感到快乐。有人喜欢黄色，因为他们喜爱柠檬和亮光，有人却会回避黄色。在寒冷的冬天，我们也许会渴望色彩，希望把自然色彩带入家中，以此抵消城市混凝土的冷硬之感。

我们对色彩的感知会随着四季更迭和时间流转而不断变化。在接下来的介绍中，我们可以放慢脚步，体验色彩的辛辣火热、宁静平淡，嗅闻色彩的馥郁芬芳。

1. 黄色+柑橘

去皮的柑橘香气馥郁，充满了整个房间，这种既甜蜜又酸涩的嗅觉体验令人惊叹不已。过量的酸味会让人难以下咽，而酸味过少又显得平淡无奇。在烹饪过程中，柠檬可以给珍馐菜肴提鲜，让人"眼前一亮"，柠檬看上去亮眼醒目，尝起来提神醒脑。柑橘的色彩耀眼夺目，同样的感知也适用于阳光色。明亮的柑橘色调，从罂粟黄到饱和的葡萄柚色，都为空间注入了勃勃生机（图3-2-1）。这些色彩令人舒心愉悦，能唤起对阳光和温暖的遐想，因此非常适合餐厅、客厅和儿童房。

图 3-2-1　黄色+柑橘

2. 紫色+薰衣草

紫色散发着葡萄的醇香甘甜，也裹挟着轻盈飘逸之感。对很多人而言，最迷人的紫色便是薰衣草色（图 3-2-2）。薰衣草的气质安宁沉静，而淡紫色的外观显得浪漫柔和。当薰衣草风干之后，其色彩饱和度随之降低，变成了莫奈笔下如梦如幻的紫色调——空气、薄雾与黄昏之色。在这种色彩的衬托下，气息、味道和触感由内而外自然生发，可谓匠心独运，别具一格。

图 3-2-2　紫色+薰衣草

3. 蓝色+水

在炎热潮湿之日一跃而入水池之中，或者在口渴难耐之时痛饮凉水，真是令人神清气爽。水也为我们提供了一种感官体验，水可解郁安神，使人精神舒缓，亦可幽邃深沉，令人心满意足。即便水并非蓝色，但在体验蓝色与水的组合之后，蓝色也会带给人清爽之感。蓝色与水的联系如此紧密，以至于蓝色几乎成为海洋的代名词，也让我们联想到晴朗的天空、凉爽的微风，以及清新的空气（图3-2-3）。

图3-2-3　蓝色+水

4. 绿色+自然

绿色代表生长与生命，带有泥土的气息。它柔和而富有纹理，就像鼠尾草一样，软萌可爱；也可以多彩而清爽，如同薄荷叶一样，清新怡人。它会让人想起割断的草叶所散发的青草气息，或者像香菜和韭菜等草本植物所具有的强烈味道。蓬茸的绿色会带给人多层次的感官联想，这也正是它的魅力所在（图3-2-4）。

图 3-2-4 绿色+自然

5. 中性色+香辛料

香辛料是烹调的基石。试想一下，菜肴的烹饪通常是从炒大蒜和炝洋葱开始的。中性色也是室内配色的基调色。如果仔细考量所选色调，室内配色会更加协调、精致，正如同使用了调味香辛料后，食物的味道会更加鲜美一样。试想香辛料上的不同色彩——陈皮、肉豆蔻、黑胡椒、红辣椒、芥末籽、白芝麻粒……而中性色则为美丽丰盈的房间奠定了基调（图3-2-5）。

图 3-2-5 中性色+香辛料

（二）四季与色彩

如果想用色彩唤起感觉，可以先从观察四季做起。尽管装修房屋的频率远低于四季更迭的频率，但我们可以通过重新布置餐台，在餐桌变化的方寸之间，唤起对季节色彩的最佳体验。餐桌是时令的传统象征，自然风景可以唤醒我们的用餐体验。当然，还有很多方法可以将四季融入家居生活，让我们先来看一下餐桌吧！

1. 冬季

冬季是轮回的起点。一切都是新的，世界的色彩沉寂下来，更显安宁平静，它低调柔和，朴实无华，近似于沉睡中，白昼越来越短，光线很快消失。如是这般的风景，会让我们联想到浅灰色、冰蓝色、银色及柔和的紫色。使用蓝白色相间的盘子、蓝色玻璃杯、大理石桌面及银色餐具，可将冬季意象引至餐台上（图3-2-6）。

图3-2-6　冬季餐桌颜色搭配

2. 春季

春季充满了新的能量，代表着成长与希望。很多人喜欢柔和的色彩混搭，更重要的是，绿色的寓意是如此美好。我们可以将各种柔美的绿色带到餐桌上，再用奶油色和冷白色将其逐层陈列开来，并搭配薄荷绿色的纺织品、深绿色的玻璃器具，以及清新的绿色条纹水杯（图3-2-7）。

图 3-2-7　春季餐桌颜色搭配

3. 夏季

夏季激情四射,活力澎湃,色彩在夏季变得浓郁、热烈。夏季以明媚、鲜亮著称,具有愉悦的色彩和欢快的氛围。使用蓝色、柑橘色和蛋黄色的多彩配色方案吧!只需取一分明亮色彩,便能装点整个餐台。对此我们不必太过计较,只要体验色彩之趣即可(图 3-2-8)。

图 3-2-8　夏季餐桌颜色搭配

4. 秋季

秋季是变化的季节。秋日的色彩温暖而充满过渡性，但不及夏天那样明亮。秋季见证了所有中性色调之美，这些中性色调温暖舒适，安详惬意。看看那些变色的树叶，它们就是配色的灵感源泉。配以混合金属、木材、斑点图案的陶器，柔软的粉色、不同色调的蜂蜡蜡烛，以及各色的天然材料，可以打造出优雅别致的餐台（图 3-2-9）。

图 3-2-9 秋季餐桌颜色搭配

（三）昼夜与色彩

日出和日落的光线不同，对家居色彩的表现有着很大影响。回想一下，在一天的不同时刻，你都会去哪些房间？例如，你是否喜欢在清晨花更多的时间坐在餐厅，夜晚更喜欢躺在卧室床上？找到一天当中你最常停驻的房间，观察此空间中的色彩，就是体验色彩的一种方式。在房间中摆个花瓶或者挂上一幅画作，选择不同的时间去观察，看看是否能分辨出光线的变化。留心观察光线的细微差异，随着时间的推移，光线会变成暖光或冷光，随之更加明亮或暗淡。比如，在上午和下午对同一静物组合进行拍摄，以此向大家展示光线的变化（图 3-2-10）。

图 3-2-10　不同时段同一静物拍摄效果

二、发挥色彩的心理功能

（一）冷与暖

不同的颜色能使人感受到不同的温度。色彩分为冷色和暖色，能够使人感到温暖的颜色为暖色系，反之为冷色系。色彩的冷暖与明度、纯度也有关，高明度和低纯度的颜色给人冷感，低明度和高纯度的颜色给人暖感，无彩色系中白色给人冷感，黑色给人暖感，灰色属中性色（图 3-2-11）。

图 3-2-11　暖色系房间和冷色系房间

（二）软与硬

色彩软硬感与明度、纯度有关。明度较高的含灰色系具有软感，明度较低的含灰色系具有硬感；纯度越高越具有硬感，纯度越低越具有软感；强对比色调具有硬感，弱对比色调具有软感。

（三）轻与重

不同的色彩给人重量不同的感觉，它与色彩的明度有关，明度高的色彩感觉轻，明度低的色彩感觉重。白色最轻，黑色最重；低明度基调的配色具有重感，高明度基调的配色具有轻感。在室内空间里，往往地面颜色重，顶面颜色浅，这样才使人感到稳定，不然则有压抑、头重脚轻的不平衡感（图 3-2-12）。

图 3-2-12　色彩的明度变化带来重量感变化

（四）膨胀与收缩

明度高的色彩会给人看上去较为膨胀的错觉，明度低的色彩会给人看上去较为收缩的错觉。同样尺寸的 T 恤衫，穿黑色的要比白色的显瘦，这就是色彩的收缩错觉作用（图 3-2-13）。

图 3-2-13　色彩的膨胀与收缩

（五）兴奋与沉静

色彩的兴奋感与沉静感和色相、明度、纯度都有关，其中纯度的作用最为明显。在色相方面，偏红、橙的暖色系具有兴奋感，蓝、青的冷色系具有沉静感；在明度方面，明度高的颜色具有兴奋感（图 3-2-14），明度低的颜色具有沉静感；在纯度方面，纯度高的颜色具有兴奋感，纯度低的颜色具有沉静感。因此，暖色系中明度最高、纯度也最高的颜色兴奋感觉强；冷色系中明度低、纯度也低的颜色最有沉静感；强对比的色调具有兴奋感，弱对比的色调具有沉静感。

图 3-2-14　明度高的色彩具有兴奋感

（六）明快与忧郁

色彩明快感与忧郁感和纯度有关，明度高而鲜艳的色彩具有明快感（图 3-2-15），深暗而混浊的色彩具有忧郁感；低明度基调的配色易产生忧郁感（图 3-2-16），高明度基调的配色易产生明快感；强对比色调有明快感，弱对比色调具有忧郁感。

图 3-2-15　明度高而鲜艳的色彩具有明快感

图 3-2-16　低明度基调的配色易产生忧郁感

三、体现色彩的象征意义

（一）绿色系

绿色系主要颜色：薄荷绿、沙绿色、海绿色。

绿色是植物生命之源，这种色彩广布于自然界，常在我们身边出现。绿色可以使人镇定冷静，治愈身心；绿色活力满满，一派生机盎然。试想一下，单在一片森林里，就会出现多少种绿色。在日本旅游，很多人应该体验过"森林浴"，住在一间可以俯瞰森林全貌的房间里，躺在吊床上，沉浸在绿色中。苔藓、蕨类和其他植物覆盖了地面，仰头向上望，鸡爪槭的叶子看起来如同绿色的镶边。那些柔和的绿色调，近似于灰色、黄色和蓝色（图 3-2-17）。

有些绿色会让人想起薄荷，青翠欲滴、舒心爽目。在炎炎夏日，把它放到水杯里，或者把薄荷叶放进冷冻的冰块里，之后含到嘴里慢慢品尝，仿佛把绿色吃掉了一样。

图 3-2-17　绿色的搭配

1. 绿色的象征意义

绿色具有清新、舒适、休闲的特点，有助于消除精神紧张和视觉疲劳。绿色是大自然的象征，代表着生机、清新、宁静的自然力量。绿色运用于室内装饰，产生悦目、舒适、平和、亲近的感觉，营造出朴素简约、清新明快的室内气氛。

自从人类文明出现以来，绿色一直是生命、活力和复苏的代名词。高产的园丁被认为长着"绿色的手指"——掌握着特别的园艺技能，而"绿化"也时常是指环保实践。在拉丁语中，"Vita"表示"生命"，它的衍生词"Virita"则表示"绿色"，"绿色"（Green）随后和"生长"（Grow）产生了根深蒂固的联系，在古英语中，两者都源于"gro"。而绿色也常被认为是"青涩的""不成熟的"，既可以形容植物，也可以形容年轻人，早在中世纪时期，绿色就用来代指那些稚气未脱的新手，或者不成熟的年轻人。

就绘画而言，绿色的色调十分微妙。在文艺复兴时期，大多数画家只能使用铜绿色，这种色彩源自化学反应的产物——碳酸铜，打磨一下，它就会变成偏绿的蓝色。不常用的硬币和自由女神像上的绿色铜锈便是这么来的。

这种绿色颜料最为著名的应用，大概就是扬·凡·艾克在 1434 年所画的《阿尔诺芬尼夫妇像》，这是一幅奇特的画作，委托作画的夫妇想必一定十分富有——因为他们买得起绿色的衣物和绿色的绘画（注：中世纪的绿色颜料主要来自铜绿和孔雀石，虽然蓝黄颜料可以混合，但因规定，同一家染坊不能经营多种颜色，因此绿色较少）。随着油画的兴起，绿色变得更加难以捉摸：当铜绿与油料混合，它会随着时间的推移，变成令人略感遗憾的棕色。因此，那个时代表现园林主题的油画在现在看来，多数都带有泥泞的色泽。

虽然艺术家们对绿色颜料意兴阑珊，但他们却把绿色的苦艾酒视为创作灵感。许多作家和艺术家都对苦艾酒表现出极大的兴致，包括埃德加·爱伦·坡、奥斯卡·王尔德、马克·吐温、梵·高、亨利·德·图卢兹·罗特列克、巴勃罗·毕加索及欧内斯特·海明威等。苦艾酒由茴芹根、小茴香和苦艾草制作而成，被古埃及人和古罗马人用作防腐剂。19世纪60年代，当法国士兵开始利用苦艾酒抵御疟疾的时候，他们就不可救药地迷上了它，到了19世纪70年代，巴黎的咖啡馆里挤满了喝苦艾酒的人。它风靡了那个时代，以至于下午五点也被称为"绿色时间"。

对爱尔兰人来说，绿色意味着希望和信仰。自从圣帕特里克（Saint Patrick，爱尔兰传说中的守护者）用三叶草（爱尔兰国花）向可能成为爱尔兰天主教徒的人阐明"三位一体"以来，绿色便成为反新教的象征（新教崇尚橙色）。和三叶草一样，绿色代表着"爱尔兰人的好运"。

美国的货币也是绿色的，不过这纯属巧合。美国内战期间，绿色涂料被用作一种防伪措施，引入美元的生产印刷过程之中。内战结束之后，美国造币局继续使用绿色的印刷涂料，声称"绿色墨水色彩丰富、耐用，而且具有稳定性"。

2. 绿色的配色方案

设计绿色的配色方案，应该从我们最钟爱的自然环境开始。绿色的色相多变，很多人喜欢薄荷绿、沙绿色和海绿色。这些不同彩度的绿色会将你从柔美轻盈带往深沉肃穆，而你也会获得更具层次感的配色灵感。如果你一时手足无措，不知该如何在家居中融入绿色，那就从柔和的色彩着手，并将它逐步加深。

让我们仔细看看，如何将柔和的绿色作为基调色。薄荷绿是不错的背景色（图3-2-18）。不论是纯正的薄荷绿，还是更偏鼠尾草灰的绿色，均可使用。搭配柔和的奶油色，可保持色彩的自然感和坚实感。若你想拥有沉静及沙滩般的细腻触感，可尝试各种柔和的绿色。多数情况下，我们还需要引入深色加以对比。

在这里，我们可以使用趋近黑色的深绿色（图3-2-19）。配图显示出调整比例会改变配色方案的整体意象。若使用较深的海洋色时，更添几分秋韵，也更显舒适。当柔和的彩度成为焦点时，绿色便化作沙滩和微风，而蜜桃色和柠檬色的加入，更显诙谐幽默。基调色烘托出空间的自然氛围。上述配色方案的用途十分广泛，我们可以在家中的任何地方进行实践。

图3-2-18　薄荷绿配色

图3-2-19　深绿色配色

3. 空间与绿色的融合

绿色可以焕发青春，恢复活力。绿色虽多属于冷色，却具有勃勃生机。在家中放些植物，就可以将绿色带回家，简单便捷。很多人酷爱植物的不同纹理：边界模糊的、光泽水润的、蜡质丰厚的、干燥褶皱的……我们很难完全模拟自然界的复杂色彩，因而拥抱自然便成为上佳选择。

如果我们想将更加蓬勃张扬的绿色引入空间，又希望它舒适宜居，可以考虑运用单色的不同色调增加层次感，仿佛在森林中徜徉。如果我们涂刷了绿色的墙面，那么在书架上摆上几本书籍或是艺术品，就可以冲淡绿色。

如果我们想要寻找色泽丰润、深沉内敛的绿色，别致的军绿色是个不错的选择。它是理想的中性色，可让大家灵活运用，如臂使指。略带褐色的橄榄绿会与自然融为一体，可以用来代替灰色和褐色。

4. 绿色在室内设计中的应用

（1）在淋浴间装点绿色。绿色可以保持青春活力，这和淋浴间让身体恢复活力的作用不谋而合。尝试在淋浴间里使用一些简洁的物品，如在花瓶里插上几枝尤加利叶，芳草会唤醒绿意，瓷砖也可以让绿色蹁跹起舞，为淋浴间增添活力。简能而任，择善而从，朴素的几何图案，以及缀有珠宝色泽的简洁手绘图案，都会是不错的选择。

（2）设计室内花园。温室花房也可以在家中再现（图3-2-20）。我们可以抱几盆植物回家，张扬其自然之色。如果不擅长园艺，那就选择耐寒耐旱、适应性强的植物，如虎尾兰，或者选择有葡萄藤蔓的壁纸和织物，抑或自成一派葱郁景致的风景画。可考虑搭配鼠尾草绿丝绒、温润的玉色陶瓷、柔和色调的羊绒织物及亚光的松木绿涂料。

（3）利用薄荷绿的清雅。倘若有人在寻找一种中性化的绿色，那么薄荷绿便是上佳之选（图3-2-21）。正如一抹淡黄色便能如阳光普照，薄荷绿也将带来清雅微妙的意象。这种清淡色调润物无声，就像光照亮了空间。

图 3-2-20　室内花园设计范例

图 3-2-21　薄荷绿的点缀

（4）在卧室装点绿色。我们总是认为，卧室应该是蓝色的，但其实绿色也是自然舒适的选择。试想一下卧室内会用到蓝色的地方，并尝试将绿色作为焕发新生的备选方案。和蓝色相比，绿色显得更为不可思议，但同样会让人有平静之感。如果大家钟情于蓝色，也可以选择带有更多蓝色的绿色。

（5）体现绿色的活力。蓬勃的绿色会让房间充满活力。当我们尝试使用更加明亮的绿色时，请一定保持绿色的奢华感。对涂料来说，可以选择绿色含量最多的那一款，少量涂刷，但要极富冲击力，如用在窗户周围的点缀物上。应选用饱和度高、有厚重感的色调，而非单调暗淡的色彩。另一种营造视觉冲击力的方法，就是展示一件物品的多个部分（就像翡翠），或者在开放式架子上摆放绿色的玻璃器皿。

（二）中性色系

中性色系主要颜色：沙色、石蓝色、深灰色。

中性色是基础色，也是画布的基调色。中性色平淡朴素，广泛存在于自然之间，遍布于空间与环境之中，却时常被人忽视。我们将中性色的概念进行扩展，超越传统定义的"无色"，因为几乎不存在完全没有色相的色彩。事实上，只使用不同色调的中性色也可以创造出一个完整的色环（图 3-2-22、图 3-2-23）。

图 3-2-22　中性色配色设计

图 3-2-23　中性色的搭配

1. 中性色的象征意义

如果我们在世间上下求索，试图寻觅中性色的灵感，建议将目光投到天然材料上来。不妨回忆童年时家中的情景，清爽的蓝灰色青板岩铺在庭院中，温暖的红木栏杆盘在楼梯上。海滩也能够给予我们极大的启迪：沙色便是中性色，靠近海水的沙子色彩更暗、更湿、更冷，不像靠近沙丘的沙子那么轻盈明亮；还有冬季的海滩，海岸线上的干草会呈现出另一种鼓舞人心的中性色，光线变化万千，当它照射到干草上时，就会发出莹莹金光，留意光线与中性色的互动，是寻找最佳中性配色的关键。

2. 中性色的配色方案

更多中性色，更多家居趣味。中性色是家居色彩的基础，每种配色方案都必须包含沉静淡然的颜色，不过，沉默不语并不意味着无趣可谈。在家居装饰过程中，可尝试各种各样的中性色，不要选择单一暖色或单一冷色（如灰色或棕褐色）。若我们选用柔和素雅的配色方案，可增加中性色的面积，并配以纹理装点。若我们选用简约的配色方案，所用色彩相对单调，可考虑搭配亚光或亮光的材料、带纹理的亚麻布、天鹅绒，以及使用印花图案和刺绣工艺等。精巧的细节展示和适宜的材料选取，对小空间而言尤为重要。

要诀在于打破中性色在人们脑海中的固有印象。想想色彩的亮度（明度）、色彩的明暗程度（色调）及色彩的纯度（彩度）。自然界中的色彩丰富多样，诸如天蓝色、草绿色、山脉的淡紫色、冬季干草的金色……在家中，运用相同的色彩进行模仿，也可达到中性化的色彩意象。当大家继续品读本部分的其他色彩时，试想一下，不同色彩的哪一种色调对自己来说是中性色调。柔和的色彩或是亮色的暗沉色调，都可以作为中性色，甚至更加明亮、饱和的色彩也能使人感觉到中性风格，这取决于人们如何使用它。

有一些中性色可用来填补灰色和褐色之间的空白，它们是带有些许褐色的暖色，抑或带有些许灰色的冷色。不少人钟情于织物布料，它的面料色彩介于暖色和冷色之间。这种材料既有褐色又有灰色，可以作为中性调色板，巧妙衔接其他颜色。

3. 空间与中性色的融合

（1）可尝试不同纹理的搭配效果，如粗糙的纹理搭配光滑的纹理，抑或质朴的纹理搭配典雅的抛光纹理。当我们在家居空间中使用柔和的色彩时，可以尝试使用不同的纹理、饰面和材质进行装饰，营造出耳目一新的氛围（图3-2-24）。

图 3-2-24　不同纹理的搭配

（2）使用色值。通过对比，我们可以创造出空间的亮点。如果大家秉持传统的中性色配色方案，可以探索其明亮色系与暗淡色系之间的关系。暗淡的深灰色、明亮的乳白色、色彩丰润的苔藓色及亚麻色，可以完美结合，搭配出理想的效果（图 3-2-25）。

图 3-2-25　不同色值对比的搭配

（3）探索底色。仔细观察所选取的中性色，并留心它们是否蕴含粉色、紫色或是绿色的底色。注意中性色的变化，其延展色可与其他色彩搭配使用。例如，若将绿色沙发放在暖色或红色房间里，沙发的绿色就会尤为突出，与整个房间格格不入。换成带有中性色底色的沙发，不论是明调的米色沙发还是暗调的沙发，都会非常适宜（图3-2-26）。

图3-2-26　中性色底色搭配

4. 中性色在室内设计中的应用

（1）搭配白色。在白色背景上使用明亮色彩，可以舒缓亮色，并使其更具中性风格。搭配的比例至关重要。将少量的醒目色彩与大面积的白色、褐色、米色或是灰色搭配，会使得亮色更显柔和。挑选带有图案的织物，或是整体空间配色时，都应考虑这一点（图3-2-27）。

（2）陈列与布置。鲜明醒目的色彩落在地板之上，便沉稳了许多，地毯完美诠释了中性色——万千色彩在身，依然秉持中性。想象一下，在如茵的草地上行走，"天街小雨润如酥，草色遥看近却无"，绿色分明就在脚下，很多人却对它视而不见。下次再去新的地方，记得低头看看脚下，留心观察地板、人行道和自然界，也不要忘记抬头看看天花板。

（3）使用天然材料。无论是绿意盎然的植物、裸露在外的砖块，还是满满的一碗柠檬，只要将色彩和材料有机组合起来，就不显矫揉造作，而更接近中性自然。天然材料是中性化的，我们也自然而然地把对应色彩与之相联系。我们常用绿植装点空间，而不会把墙壁直接粉刷成绿色。若要引入斑斓的中性色，此方法值得一试。

（4）学以致用。明度、色调、彩度、材质，甚至是抛光加工，都可以使色彩变得更易于搭配。回忆一下我们之前提到的"三原色"。例如，最淡的红色可以是暖色系中性色，呈现出浅浅的粉白色，军绿色和深卡其色都是绿色的不同色调；海军蓝则是蓝色的深色调。斑斓色彩因原色而生，令人"情不知所起，一往而深"。

图 3-2-27　色彩中性化配色范例

（三）橙色系

橙色系主要颜色：蜜桃色、柑橘色、橙赭色。

橙色的意象丰富，广布于自然界。设想一下，举目遥望沙漠景观，或去凝视被橙色包裹的广袤峡谷。橙色催人奋进，愉悦身心，它温暖而富有活力。若吟阳春白雪，橙色极富摩登气息，着实令人眼界大开；再唱下里巴人，它脚踏实地，坚若磐石，淳厚朴实。想想看，树上的橙色水果，颗颗圆润晶亮，点缀在葱郁的绿色之中。橙色总是和柑橘形影不离（图 3-2-28）。

橙色也会让人想到雕刻的南瓜——切开南瓜之后，找到所有的肉质与南瓜种子。从浅浅的黄色种子到坚硬又色彩浓郁的南瓜皮，橙色的世界如此深浅不一，却又触手可及。橙色便是这样一种色彩：它向我们展示了食物的多姿多彩，也是我们追寻珍馐美味的线索（图 3-2-29）。

图 3-2-28　橙色系配色设计

图 3-2-29　橙色系的搭配

1. 橙色的象征意义

橙色不得不为自己的身份而战。在 16 世纪之前，它只被简单地称作"黄红色"。然而，这种称谓随着某种水果的种植而改变——"橙"既是它的名字，也是它的色彩。据说，柑橘类水果从中国开始了它的环球旅程，"橙色"一词在1512年首次作为色彩出现。

尽管橙色不像紫色或者红色那般承蒙君威，宠命优渥，但它却将色彩赋予了世界上最昂贵的香料。藏红花是世界上最昂贵的药材之一，价格为6000~30000元/千克，如此高昂的价格源于其苛刻的培植条件。藏红花的花丝来源于雄蕊的柱头，这是一种鸢尾科植物，开有紫罗兰色花朵，每年的花期只有一周。每朵花大约会有3个雄蕊，必须用手轻轻采撷，并小心干燥。生产500克藏红花香料，需要成千上万朵成花。尽管值得与否争议不断，但使用者对这种香料追捧至极。虽然用作染料十分昂贵，却可从袈裟中寻到它的身影。

可以说，荷兰人与橙色的关系最为密切。荷兰宗教自由的伟大英雄，来自奥兰治王室的威廉一世，他最终成为荷兰国父。他与后裔常被描绘在色彩鲜艳的画作之中。与之相对，荷兰人也把橙色视作自由的象征，称自己为"奥兰治人"（Orang Men，直译为"橙色的人"）。荷兰人如此钟情于橙色，以至于在其占领纽约之后，就不假思索地将之称为"新奥兰治"——即使现在，布朗克斯（纽约市最北端的一区）的区旗上仍带有传统的荷兰三色。

直到1797年，法国科学家路易斯·沃克兰（Louis Vauquelin）发现铬铅矿（这也促使了1809年合成颜料铬橙的发明）之后，橙色才受到了艺术家的欢迎。尽管古埃及和中世纪的艺术家之前就用多种矿物质制作成了橙色，但法国印象派画家对用橙色与天蓝色形成互补色的方式尤其着迷。1872年，莫奈创作了《日出·印象》，成为印象画派的开山之作。

橙色最为豪奢而又持久的用途，其实事出偶然。在第二次世界大战期间，巴黎时装店的染料短缺，导致不少标签和包装都被涂上了橙色颜料。战后，奢侈品牌爱马仕仍将橙色盒子与马车标志保留了下来，橙色便作为品牌身份的有机组成，成为宁静、智慧与生活乐趣的象征。

2. 橙色的配色方案

橙赭色、柑橘色和蜜桃色是很多朋友喜欢的橙色色调。我们在配色中也可以使用柔和的褐色，尽管它是中性色，但其本质却与橙色相关。

让我们将两组配色方案分开来看。首先是一组色彩斑斓的配色方案

（图3-2-30）。将橙色与泥土色般的中性色混合，再加入温润的宝石色调——亚麻色、柔和的棕色、漂洗过的粉色、点点钴蓝色，甚至紫色。如果考虑引入更为鲜艳的色彩，这种温暖稳健的配色方案便是良好的基调色，它既可以平衡性情浓烈、色彩丰富的钴蓝色，又能接纳强劲有力、光泽丰润的橙色。建议所选的中性色应有一定的张力，进而对强调色进行补充（此配色方案中，选用温润的宝石色调）。这类配色方案通常适用于餐厅或者厨房。

接下来，我们再看一组更为柔和的配色方案（图3-2-31）。在这组配色方案中，依然是将橙赭色作为中性色，但其中使用了胭脂红和灰褐色来弱化橙赭色。这些柔和色调与橙色搭配和谐。柔和的橙色与鼠尾草绿、辛辣的黄绿色都很般配。此配色方案舒适轻柔且梦幻缥缈，带来点点惊喜，与卧室天然契合。

图3-2-30　色彩斑斓的配色

图 3-2-31　柔和的配色

3．空间与橙色的融合

　　家居色彩中，橙色的使用范围十分广泛：从烈火烧灼、朴实无华的中性色，到鲜明愉悦、富有朝气的色调，又或是温和婉约、增添点缀的蜜桃色。当我们在脑海中勾勒日落之景时，橙色便首先浮现在眼前。再想到穿过夕阳的粉黄光带，梦想着家中重现这一风采，便将这恬静温馨的色彩运用到家居空间。想想自然界中的橙色，再对比自己家中的橙色，将后者降低饱和度，便会散发梦幻般的蜜桃色光芒。

　　橙色既能营造出自由奔放、俊逸洒脱的波希米亚风格，又可带来新鲜现代、明朗豁达的触感。橙色易于搭配中性色，是搭配其他色彩的桥梁。与灰褐色、灰色或是褐色相比，淡雅的橙色更显活泼，带来了勃勃生机，更增添几分温馨与趣味。

4．橙色在室内设计中的应用

　　（1）斟酌材料。善于利用材料，就可以将橙色化作中性色，融入家居空间。例如，黏土色、橙赭色及中间色调的木质材料，抑或橙色系的皮革座椅（图 3-2-32）。天然而成的皮革，若不加以人工雕琢，往往会透出橙色的底色，它璀璨绚丽、精巧微妙。比起绘画所用的喷涂色彩，材料本身具有的色彩会令人感觉更加自然，也更加中性。

图 3-2-32　善用橙色系材料

（2）探索饰面。选用铜色饰面也是引入橙色的绝佳之法。谨记，表面抛光可以改变色彩给人的感觉。铜制品会映衬出华美丰富、典雅高贵的橙色。它可以是橱柜的五金，也可以是后挡水条，还可以是用于展示的铜碗、铜罐。这种金属材质的温暖增添了整个空间的华美之感。

（3）配以蜜桃。蜜桃色出人意料，却又率真自然。乳化后的橙色，正如裸色的指甲油一般，美丽动人，轻盈柔软，只可意会，不可言传。这种色彩可以在墙壁上肆意挥洒，一展身手。

（4）零星点缀。如果大家对橙色营造的氛围尚存疑虑，可先在餐桌上放一碗鲜橙，抑或在客厅里摆个南瓜，找找感觉。可以取几本带有橙色书脊的读物，堆放在桌子上（图 3-2-33）。先定点取样，开展小范围的测试，随后再到别处使用这种色彩，会让人感觉舒适许多（这个小技巧适用于所有的色彩）。

图 3-2-33　橙色的零星点缀

（5）脚踏实地。同红色一样，橙色也会带给人脚踏实地、朴实无华的感觉，可以作为地毯的强调色。试想在菱形图案的柏柏尔地毯上点缀一些橙色，打造出潇洒俊逸的波希米亚风格；又或者在传统的赫里兹波斯地毯上泼洒浓郁的橙色。橙色在地毯上小面积使用，既不会铺天盖地、过度夸张，又能带来温馨舒适、质朴淳厚之感。

（四）红色系

红色系主要颜色：胭脂红、番茄红、宝石红。

红色催人奋进、斗志昂扬，又温柔婉约、美丽动人。从百慕大群岛的粉色沙滩，到印度的"粉红之城"斋浦尔，贯穿其中的粉色便是魔法的代名词，而当粉色与红色混合之后，又象征着家庭与幸福。看到如此瞩目的色彩，人们常会联想起最为饱和的红色（消防车的红色车身、停止标志上的红色、情人节的红色主题）。不过，也有深色调红色的存在，如苹果、变色的槭叶，以及红杉树的树干。红色始终是令人欣慰的色彩，与传统相连、与温暖相系。在餐馆的厅堂里，刷好白墙，缀以红边，再铺上温暖的木质地板，使得红色更趋于中性化，而少了几分明亮醒目（图 3-2-34）。

明艳张扬的番茄红令人爱不释手，因而在室内设计中尤为突出。就以种植的番茄为例，看着它们从绿变黄，再到橙红，变化的色彩向外界发出信号：果实逐渐成熟，可供采摘食用，同时它们也教会了我们：色彩是有生命的。看看红色的光谱，从粉红到谷仓红到亮红，我们有无穷无尽的方法，演绎各种个性张扬的色彩（图3-2-35）。

图 3-2-34　红色系配色设计

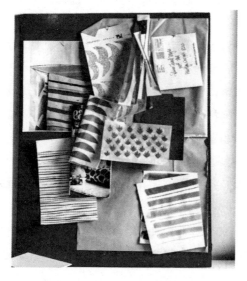

图 3-2-35　红色系的搭配

1. 红色的象征意义

红色具有鲜艳、热烈、热情、喜庆的特点，给人勇气与活力。红色可刺激和兴奋神经，引起人们的注意并产生兴奋、激动和紧张的感觉。红色应用于室内装饰，可以提高空间的注目性，使室内空间产生温暖、热情的感觉。粉红色和紫红色是红色系列中最具浪漫和温馨特点的颜色，较女性化，可使室内空间产生迷情、靓丽的感觉。

红色的历史源远流长，可追溯到古罗马早期，"色彩"和"红色"在那时其实是同一个词。在文字出现以前，世界的色彩无法用语言进行表达。那时候只有"黑""白"两色，除此之外再无任何描述色彩的方法。随后，人类描述的第一种色彩便是"红色"。在钦定本《圣经》中，"红色"被提及了52次（仅次于白色），最为著名的便是有关红海的描述。

红色的文化联想比比皆是。血液是红色的，因而红色多与勇气、牺牲有关。纵观世界，红色无不彰显着政治权力，因而大多数国家的国旗上都印有这种强而有力的色彩。从统计数据来看，身着红色衣物的奥运选手获胜概率更高，红色原本象征着竞技，因而红衣健将更显强劲有力。在中国，红色是一种喜庆的色彩，象征着祝福与佳运。印度的新娘身着红色莎丽，寓意家庭兴旺、多子多福、蒸蒸日上。

红色也是一种警示色，常用来表示"禁止"，如红灯、禁止标志、红色警戒线。事实上，"繁文缛节"（Red Tape，直译为"红色封条"）一词源自古代的红蜡印章，它曾被用来密封亨利八世写给教皇克莱门特七世的信函，告以废止与阿拉贡王国的凯瑟琳的联姻事宜。如若阅读这些信函，就必须拆开"红色封条"，越过"繁文缛节"。

那"急红了眼"又如何解释呢？它可不是来自斗牛场的词汇。虽然看起来是斗牛士挥舞的红色斗篷使得公牛发起了冲锋，但其实公牛是色盲，它们只对斗牛士的动作做出反应。

在艺术领域，赭石与褐土的色彩在世界范围内应用广泛，很多早期艺术作品中都有它们的身影，而如今的艺术家们也仍在使用这些色彩进行创作。

阿兹特克人（北美墨西哥的一支印第安人）首先使用养殖的胭脂虫制作红色颜料。胭脂虫是一种寄生在仙人掌上的灰色昆虫，当它被压扁的时候，就会产生明亮的红色。阿兹特克人会把虫子晒干并碾成细粉，创造出色泽丰润、经久不散的红色。阿兹特克人享用着这份红色，并用它装点统治者。在西班牙人到来之后，这里的原住民被征服了，而这种染料随后也出口到了欧洲。在此后的两百年，西班牙人垄断了红色染料的生产，并在这种色彩之上建立起了西班牙帝国。

最初的胭脂虫尚未退出历史舞台，至今仍被用于生产各类产品，从口红到果酱，从马拉斯奇诺樱桃（蛋糕上的装饰性红樱桃）到 M&M 豆，不过已贴上了"E120"的食用着色剂编号。因此，下次吃到带有红色染剂的食物，我们一定要感谢阿兹特克人、西班牙人，还有让这一切成为可能的灰色小虫。

2. 红色的配色方案

要想创造以红色为焦点的色彩搭配，应选择每个人心中最喜欢的红色，并明确它所赋予的意象。这将有助于搭配其他色彩，并调和配色比例。如同画作一样，出彩的配色方案理应具备一定的深度与广度。基调色也需要辅助色衬托，方可进行创作。胭脂红、番茄红和宝石红是许多人钟爱的深色调红色，希望大家在书中会获得相关色彩的灵感。

让我们更深入地探索番茄红（图3-2-26）。番茄红个性张扬、神采奕奕，色相更接近于橙色。对很多人来说，这是一种快乐的色彩，希望由它拓展的配色方案能够让人欣喜愉悦、焕然新生。为了保持它的轻盈明亮，我们可以选取象牙白作为基调色，缀以蜜桃色和胭脂红进行过渡和中和，进而弱化柔和色调与明亮色调之间的差异。在这之中，再加入一抹矢车菊蓝。蓝色是橙色的互补色，它的加入使橙色有别于番茄红，少量的浅蓝色彩沉稳冷静，舒缓了红色的张力。色彩的比例会对整体配色产生一定影响，因此在大面积使用象牙白色时，选取少许明快的色彩，可以创造出舒适宜居、通透轻盈的配色方案。

图 3-2-36　番茄红配色范例

　　将织物样本、色彩涂片和其他物品有机结合，我们便可以营造出不同的空间氛围（图 3-2-37）。试想，所有色彩都出现在同一个房间里。假设在客厅中，墙壁是柔软的奶油色，放置一张蓝色扶手椅，并搭配象牙白与番茄红图案的窗帘，再缀以蜜桃色抱枕和靠垫。为了将配色方案与设计空间完全融合，还需加入更多的中性色（如天然亚麻、混合木质材料），但总体来说，配色效果已初见雏形。

图 3-2-37　丝织物配色范例

3. 空间与红色的融合

　　红色是一种强烈的色彩，高饱和的红色势不可挡，近乎要将一切淹没，因而要考虑其明度、色调、层次与纹理。如果大家依然有所顾虑，可以先试着在空间里摆上几种不同的红色，观察一下摆放前后它与其他色彩的互动变化。明亮而又饱和的红色会使原本中性化的空间变得棱角分明，避免沉闷单调之感；而柔和的红色能增添温馨之感，使其更显活力。鲜艳的红色通常会令人感到精力充沛，冷色系的红色浪漫深沉，深色调的红色则强健有力……合适的色调源自每个人理想中的家的模样。

4. 红色在室内设计中的应用

（1）零星点缀。红色的灯罩、花瓶或者抱枕，给客厅增添一抹明媚清朗、舒心愉悦的色彩，红色的碗碟或者茶壶，可以点亮整个厨房。借助于鲜艳的红色基调，可将整个房间凝为一体，让周围色彩更显清晰，通过对比，红色强化了其他色彩。谨记，我们需要搭配其他色彩以获取平衡——它可以是中间色调的过渡色，也可以是暗沉色调的中性色（图3-2-38）。

图 3-2-38 红色的零星点缀

（2）柔和的色调。想让空间温馨又不失平静氛围，可以考虑选择粉色。使用带有橙红色的胭脂红（多一点桃红、少一点蓝粉），就不会令人感觉过于阴柔。

（3）红之相迎。一道红门令人感觉精力充沛，象征着好运连连，给人积极热情、活力澎湃、振奋昂扬的感觉（图3-2-39）。

图 3-2-39　红门

（4）搭配白色。红色活泼灵动、充满张力，适用于客厅、餐厅及活动区域；而白色可以柔化红色，使其更适于卧室等空间。可考虑选用红白疏缝或是红白相间的被套，让白色弱化红色的强度，使之如胭脂红那般柔软（图 3-2-40）。

图 3-2-40　红色与白色搭配

（5）促进活跃。走廊是过渡空间，选用活泼的红色进行装饰，两者融合，相得益彰。需要注意的是，如果其他房间也选用红色的话，需确保两种色彩相互协调，也就是说，其他房间里可用少量红色（或暖色）作为强调色进行装点。

（五）紫色系

紫色系主要颜色：丁香紫、馨色紫、午夜紫。

紫色是一种忧郁而复杂的颜色。当夕阳西下却尚存几缕微光之时，黯淡的风景便是紫色的。莫奈说，这是大气的颜色。紫色看上去就像是晶莹的宝石，而它因此也成为一些皇室的传统颜色，它还常与未知的魔力和神秘事物联系在一起。

在我们使用染料漂染织物时，不难发现，那些吸引我们的色彩原来都和紫色如此接近，从略带淡紫的灰色，到紫色底色的深蓝色。我们自己在无意之中，早已投入紫色的怀抱。我们似乎很容易错过这种梦幻般的柔和光泽：烟紫色、茄子或贻贝壳上的丰润紫色，它们广布于我们身处的世界，其丰盈程度远超人们想象（图3-2-41）。

图 3-2-41　紫色系的搭配

1. 紫色的象征意义

紫色具有冷艳、高贵、浪漫的特点，象征天生丽质、浪漫温情；紫色具有烂漫的柔情，是爱与温馨交织的颜色，尤其适合新婚的小家庭；紫色运用于室内装饰，可以营造出高贵、雅致、纯情的室内气氛。

按照古希腊人的说法，神话中是腓尼基人的天神梅尔卡特发现了泰尔紫。紫色染料最早产自一种多刺海螺，这种海螺生长在地中海地区，名为"染料骨螺"。当时紫色染料的制作费时费力，造价高昂，为了一件紫色的衣服，需要使用成千上万只海螺。它们的躯体脱离骨壳之后，鳃下的腺体被一根根提取出来，再把腺体所分泌的黏液一一排净，最后放在阳光下暴晒。海螺黏液需要在变成紫色之时，从阳光照射的盆中取出，不然就会变成红色。因此，难怪紫色会成为皇室、贵族及奢侈的专有名词。事实上，泰尔紫与银器同样珍贵，在公元 1 世纪，唯有古罗马的皇帝尼禄才有资格穿戴紫色衣物。在古罗马时期，将军们穿着紫色和金色的长袍，而后来的大主教、骑士、参议员和其他贵族也会身披紫衣，作为荣誉和地位的象征。

骨螺们十分幸运，泰尔紫的配方在罗马帝国灭亡后，深埋了几个世纪之久，直到 1856 年才再次出现在公众面前。当时一位名叫威廉·帕金的年轻化学家在一次失败的实验中，意外地在皇家化学学院发现了这种颜色的人工合成法。他将这种紫色称为"苯胺紫"（Mauveine），源自法语的"锦葵花"（Mauve），从那以后，紫色的生产变得廉价起来，并得到了广泛使用。

紫色始终与富裕和崇高的荣誉联系在一起。乔治·华盛顿于 1782 年为纪念军事英雄而颁发的"紫心勋章"，如今依然戴在美国退伍军人的身上。在歌曲《美丽的亚美利加》中，全美国的小学生都歌唱着"巍巍群山"（Purple Mountain Majesty，直译为"巍峨的紫色山峦"）。在语言学界，"烦冗华丽的散文"（Purple Prose，直译为"紫色散文"）代指辞藻华丽而又铺陈烦冗的写作形式。

2. 紫色的配色方案

想创造出紫色基调的适宜配色，需要事无巨细，悉究本末：在空间中恰当地使用明度、色调、彩度和适宜的材质、纹理进行修饰。请谨记：紫色不必过于饱和、过分浓艳，而应深沉内敛、大气洒脱。我们也许会发现，在一个狭小的空间里或是彰显个人风格的地方，若使用饱和的紫色调，看起来恰到好处、栩栩传神。丁香紫、暮色紫和午夜紫是很多人所偏爱的深色调紫色，它们的功能强大，与自然联系紧密，能够产生强烈的情感共鸣。

　　紫色是浓烈的，正因如此，下面将着重分析中性色对此所产生的影响，这有助于把控整个空间氛围，构筑配色基础。随着时间的不断推移，还可以在此基础上叠加更多色彩。

　　紫色是冷色，将它与冷色系中性色搭配（图3-2-42），会营造更柔和婉转的意象。如果我们选择了灰色、白色或是亚麻色（用途广泛，材质多样，色彩介于暖色和冷色之间）为基础色，可以用柔美、淡雅的紫色营造出漫步云端的缥缈感。石头、大理石，以及浅紫色的玻璃都是理想的搭配材质，此配色方案通透明朗、缥缈出尘、如入仙境，柔美的灰色调会使紫色更显雅致。

图3-2-42　紫色与冷色系中性色搭配

　　大家可以搭配暖色系中性色（图3-2-43），如沙色、黏土色、咖啡色、灰褐色及亚麻色调，用于平衡紫色的丰润质感。紫色和黄色是互补色，因此紫色在温和的中性色调中会凸显黄色。我们也可加入更多的中性色，如暖棕色和暗红色，丰富的色相有助于平衡紫色。第一种配色方案十分柔和，冷色调的中性色冲淡了紫色；第二种配色方案也很出彩，暖色调的色彩张弛有度，相互制衡。

图 3-2-43　紫色搭配暖色系中性色

3. 空间与紫色的融合

紫色看上去十分强势，但事实上它同样适用于家居配色，可为房间增添更多激情，也能营造出如梦如幻、沉静安然的氛围。为了避免紫色空间显得过于阴柔或者繁复（除非是有意为之），可将其与大地色调相搭配。明亮的紫色可搭配温暖的原木色调、赤陶色、赭色和灰褐色，以此进行平衡。自然色调平衡了紫色的丰富度，并有助于保持其基调色，尽显沉稳。它们会让人想起连绵起伏的群山，想到秋日里的紫色山脉，以及群山映衬下的金色田野，自然安逸、舒适惬意。

我们可选用偏灰的紫丁香色，并探索和拓展紫色的范围。当大家不确定选择何种色彩时，尝试色环上的相似色。具体来说，此处便是蓝色和红色：若对蓝色爱得如痴如醉，可以考虑使用含有较多蓝色的紫色，或者取对应半环，使用含有较多红色的紫色。探索某种色彩的范围，将有助于拓展色彩思维，蓝紫色为单调的蓝色房间增添了深度，注入了惊喜，红紫色则延展了温暖空间的深度——即使是浅浅的胭脂红。通过对比，我们可以创造出意趣盎然的家居配色。

柔美别致、淡雅脱俗的紫色，可带来美丽迷人、空灵通透的意象。紫色可与仅比白色略深的色调，或者是饱含灰色的色彩搭配，这样一来，灰色就不会显得过于强势。舒心宽慰的紫色会让人放松下来，又不像蓝色那般饱含期许，因而适合卧室，柔和的紫白色图案也许是不错的选择（图 3-

2-44）。

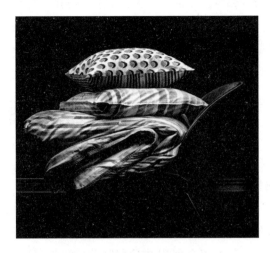

图 3-2-44　紫色的家居配色

4. 紫色在室内设计中的应用

（1）循序渐进。如果大家希望将紫色慢慢引入家居空间，不要面积过大的话，可从一些小物件开始，如淡紫色的兰花。驾轻就熟之后，我们甚至可以将浴室粉刷成紫色，在小空间里，紫色拥有迷人的风韵。从薰衣草色中我们得到启示，大面积使用紫色时，它温和别致、柔顺内敛。淡紫色的透明窗帘（或百叶窗）能给房间带来梦幻般的光影效果。

（2）亲近色彩。不妨想象一下茄子上的深色调紫色，并试着搭配。这种暗色调并不会让紫色显得过于强烈，却能成为丰富空间色彩的绝佳方式。同样地，午夜紫也适用于卧室、卫生间、浴室和书房。

（3）编织紫色。将紫色纤维编织到织物当中，会使之感觉更加自然。它是立体的、有纹理的，并且容易与其他颜色搭配。就像小标题所说的"编织"，去找寻含有紫色纱线、混合其他色彩、带有纹理的装饰织物吧！

（4）刻意留心。紫色能够激发灵感，使人思维活跃，因而适用于需要动脑筋思考的地方，如办公室、瑜伽室，或者是冥想之地。引入紫色的方式十分简单，例如在桌子上摆放一块紫水晶，它被认为是一种治愈性的"灵石"，能够让人摒除杂念，净化心灵，因而十分有名。

（5）重新诠释。搭配一抹紫色就可以成为房间的点睛之笔。若我们选用大胆的色彩（如紫色），可以将它引入更为传统的场景中去。例如，考虑一下彩色镶边的古典床上用品，搭配上色泽丰润的紫色，这种经典配色方案会让人耳目一新。若某处的中性色略显单调，可考虑使用紫色，以调节枯燥乏味之感。

第三节　室内色彩设计的艺术处理手法

一、室内设计中色彩设计法则

我们惊叹造物者是如此神奇，创造出天地间的色彩，是多么和谐和丰富，将一幅幅完美的色彩组合展现在我们眼前！我们也困惑于造物者——这位天地间最伟大的色彩大师是如何掌握色彩规律，搭配出多一分嫌浓、少一分嫌淡的色彩组合。

自古以来，色彩客观存在于天地间，人类一直想窥探造物者对色彩搭配的神奇能力。因此古往今来，一代又一代的哲学家、思想家、艺术家、科学家，以及近代的色彩专家们，经过长期对大自然色彩的探索和分析，最终建立了一个比较客观的色彩组合理论，方便我们进一步接近和了解大自然色彩完美组合的秘密。

以下是色彩专家对大自然和谐色彩的理解与分析，利用伊顿12色基础色环，展示大自然和谐色彩的基本原理。我们将用9种色彩组合，让大家对色彩原理有一个初步的认识。

色彩专家面对大自然所蕴含的各式各样的色彩，经分析与研究，利用色环基础结构，最终找出大自然神秘的色彩组合系统，并发展出9组色彩组合理论。

我们踌躇满志地计划新居的设计、装修或对居住多年的老房子进行一次翻天覆地的改变，往往步履维艰。选择材料、挑选家具，面对现今建材市场琳琅满目的装饰材料，我们更加难以取舍。但最让我们感到迷茫或无所适从的就是挑选颜色和色彩搭配。

通常我们都认为涂料是色彩，不是建材，而其他的建材，都是装饰材料，故此往往忽略附着在装饰材料上的种种色彩元素，因而，在挑选色彩时，对装饰材料上的色彩不会做太多考虑，这是一个误区。在室内色彩设计里，色彩是分主色、次色、点缀色的，室内的所有色彩都扮演着不同的角色。

无论是基于什么理由，我们挑选了某几个颜色，然后，对下一步如何进行，却感到力不从心。我们翻阅大量室内设计图片资料，但都是零散的解释，没有全面的分析指导。

为了让大家能全面理解室内色彩设计原理，下面将会介绍 5 种色彩设计法则，并进行相应的插图解说。

（一）节奏法则

（1）是颜色有序排列形成的一致性的色彩组合。

（2）好比音乐中的音符，是有节奏地从低音到高音，有序地排列而形成的和谐韵律。

（3）将颜色（纯色）黄、红、紫、蓝、绿进行无序的色彩组合。面对这组色彩的时候，我们并没有感觉到和谐的美感。

（4）色彩通过有序的排列就能形成一致性的色彩组合。因此，我们可以从无序的色彩排列中，有目的地添加一个颜色并在这无序的色彩组合中有序地重复。

要点：采用纯色、色度、色纯或灰色有序重复地排列在纯色的组合中，从而形成有规律的排列，视觉上更为舒适。

1. 邻近色节奏

在室内色彩设计里，节奏分为两大类，分别是邻近色节奏和单色节奏，我们首先讨论的节奏是邻近（相似）色节奏。

根据（12 色或 48 色）色环上的颜色（纯色）任意选择一组（3~5个）邻近色彩进行组合。邻近色彩特点是颜色相似，可以从各组合颜色细微的变化中观察色彩的节奏。

无论是浑然天成的自然色彩还是巧夺天工的人工色彩搭配，邻近色节奏一直围绕在我们日常生活中。邻近色节奏是人们比较钟爱的色彩组合。我们从大自然色彩的组合中领悟到，邻近色节奏的和谐韵律能给予我们心灵及视觉上愉悦的感受。

因为大自然色彩差别极其细微，12 色色环颜色间变化跨度比较大，所以，我们采用 48 色色环分析。我们可以观察到各颜色（邻近色）之间的细微变化，从而了解大自然色彩组合的和谐，进一步认识邻近色节奏法则。

因为伊顿色环上各相邻颜色变化差异比较明显，我们可以轻松观察到邻近色节奏的变化。

我们平时很少关注邻近（相似）色节奏是如何无时无刻不在影响着我们的生活的，实际上稍微细心观察大自然的色彩或身边的事物，我们就不难发现邻近（相似）色节奏是如此接近我们的生活。

我们常因色彩搭配能力不足而造成室内的色彩混乱。本节通过对大自然和谐色彩组合的认识，使读者能够更加灵活运用大自然色彩理论，有效地实践在室内色彩设计中。

室内色彩设计很少采用 48 色色环，其原因是 48 色色环上各邻近颜色间变化差别细微，若用于室内，再加上光线影响，将会产生运用单个颜色的错觉。我们这里采用 12 色色环是因为 12 色色环的各个颜色间色差比较明显，容易观察到邻近（相似）色节奏的变化。

无论是 12 色还是 48 色色环，若纯色与不同比率的黑、白、灰调和后，颜色数量会激增，以致选择颜色的范围增大。读者可随心所欲地挑选带有灰度的邻近色配色，这样，可以减轻纯色（邻近）所产生的视觉冲击。选择色环上的颜色，最适当的数量是不少于 3 个或不多于 5 个。少于 3 个颜色，其色彩节奏将不明显；多于 5 个，则会因颜色过于丰富而造成视觉疲劳。

2. 单色节奏

色环上的纯色与黑、白、灰调和后，将会产生无数有灰度的颜色，如纯色加白色后的色度、加灰色后的色调及加黑色后的色纯。单色节奏是从色环中选取某一个纯色调和不同比率的黑、白、灰，所产生的色彩变化而形成的有序的节奏。

单色节奏的色彩组合给予人们一定的视觉心理导向。可以发现颜色在渐变的过程中，蕴含着有序的旋律变化，是一种和谐的音律跳动。在大自然的色彩里，我们不难找到单色节奏的色彩组合，并能引申到我们的生活当中，如服装、化妆品、日用品等。

我们要能分出邻近色节奏与单色节奏两者之间的区别。邻近色节奏是在色环（纯色）或有灰度的色环上，颜色的渐变及推移，如从黄色到橙色之间的变化。

单色节奏是从色环里选任意一个纯色调和黑、白、灰后，所形成的颜色组成的渐变及有序的排列。

上述邻近色节奏及单色节奏是室内色彩设计法则中的第一项法则，统称为节奏法则。

（二）平衡法则

在色彩学科里，平衡的理论比较多，如颜色的冷暖、深浅、轻重等平衡理论，但针对室内色彩设计，有两个理论对我们是最重要的，即：

镜像平衡（对称平衡，Symmetrical Balance）；

非镜像平衡（非对称平衡，Asymmetrical Balance）。

图 3-3-1　镜像平衡　　　　　图 3-3-2　非镜像平衡

如图 3-3-1 所示，图案及颜色都显示出左右平衡、对称的特性，充分展现了和谐的视觉平衡。

如图 3-3-2 所示，在观看图案及颜色时，视觉瞬间产生炫目感而导致平衡错觉，与此同时引申出另一种视觉趣味。

1. 镜像平衡

当一组色彩组合被倒映在一面镜子里，镜子里的色彩组合影像是百分百的镜子外的色彩组合。因为镜里、镜外的两组色彩组合左右对称而形成视觉的平衡感，产生心理上的稳定性。镜像平衡普遍地存在于我们的视线里，而我们却往往忽略了它的重要性，从下面范例中（图 3-3-3）可以体会到平衡是如何融入我们的生活里的。图片中的白线象征一面镜子，将图片中左边或右边的景物百分百镜像出来。

我们发现在镜像平衡图片中（图 3-3-3），总可以找到一条无形的中心线将图片中的景物平均地一分为二。中心线犹如双面镜子，镜子内外的景物无论是造型还是色彩，都能准确无误地将平衡对称展示在我们眼前。

图 3-3-3　镜像平衡

镜像平衡一直是室内色彩设计及室内设计借鉴的理论，因为无论在色彩还是造型方面均能体现室内空间的稳定性。

通过以上图片展示，我们可以发现镜像平衡中的色彩，是一组有序的色彩组合，经过镜像后，又形成另一组有序的色彩组合，从而达到了视觉平衡。同时我们不难发现，镜像平衡中的有序的色彩组合中还包含了色彩节奏法则，体现的均是单色节奏或邻近色节奏。

2. 非镜像平衡

一组影像（图案、造型及颜色）非百分百重复倒映在镜子里，从而形成不对称感觉，同时，两边影像（图案、造型及颜色）仍然具备稳定的视觉平衡力。与镜像平衡相比较，非镜像平衡在视觉效果上，更为生动、有趣，但也产生视觉冲突。这类颜色之间的特性就是非镜像平衡法则。

图 3-3-4   非镜像平衡

如图 3-3-4 所示，其中采用了互补色，颜色不同，但视觉平衡，这是典型的非镜像平衡。

非镜像平衡虽然视觉效果比之前讲述的节奏法则产生的视觉效果更为生动、有趣，但是，也造成视觉心理上的矛盾和冲突。因此，非镜像平衡色彩法则往往多用于商业室内色彩设计，而很少运用在家居色彩设计当中。

非镜像平衡色彩也曾在一些前卫的色彩设计住宅空间展示过，但大面积使用非镜像平衡颜色还是鲜见的。

在商业色彩设计中，多采用非镜像平衡法则，常出现在公共走道或前厅等地方，比如幼儿园、艺术中心或娱乐场所等。读者亦可选择调和黑、白、灰的纯色作为非镜像平衡的颜色，以减弱纯色产生的视觉冲击。

（三）百分率法则

这个法则指的是在一个平面或一个物体上，两个或以上颜色各自所占的面积及展示的颜色之间百分率的关系。

如图 3-3-5 所示，橙色水母和蓝色海洋，各自所占的面积及两个颜色之间的各自的百分率，展示出的色彩和谐达到了赏心悦目的视觉效果。

从文字角度解说百分率色彩设计理论是比较抽象、不容易理解的。通过下面图解，有助于我们更全面了解百分率色彩设计法则。

图 3-3-5　橙色水母和蓝色海洋

我们先介绍两位色彩理论家。

（1）歌德（Goethe）。德国（1749—1832），作家、剧作家、哲学家、诗人、自然学家、外交家等，晚年研究自然色彩，追求浪漫主义，于1810年完成《色彩理论》（*Theory Of Colour*）一书。

歌德依据对自然界色彩的观察将颜色亮度划分为亮度符号，并认为白色最亮为10，而黑色最暗为0。其他颜色分别为：

三原色：黄色为9，蓝色为4，红色为6。合成色：橙色为8，绿色为6，紫色为3。

根据色环上互补色定义（两个颜色相隔距离最远，则互为彼此的互补色），可以得出，黄色与紫色是互补色组合。再按照歌德色彩亮度符号比例为9∶3，从而证明黄色亮度要比紫色强烈得多。其余颜色均可如此类推或分别组合。红色与绿色的比例是6∶6，说明这两个颜色的亮度是相等的。如果采用小比例的红色及大比例的绿色，其结果将会导致红色非常活跃。采用适当的百分率搭配色彩，会产生相互的视觉效果，比如，黄色和紫色亮度比为9∶3，其色彩感觉将呈现安静、稳定效果。

（2）古德温（Goodwin）。20 世纪，教育家、色彩专家古德温认为采用两个颜色或以上的，必须以色彩平均亮度为依据，作为色彩百分率的标准。

古德温以歌德颜色亮度符号数据所建立的色彩百分率为基础，建立了另一套色彩百分率标准。如歌德三原色中黄色为 9，蓝色为 4，红色为 6，三个数字的最小公倍数是 36，再以歌德三原色三个亮度数字除 36，重新计算后得出另一组色彩百分率为：

古德温三原色：黄色为 4，蓝色为 9，红色为 6。

歌德合成色：橙色为 8，绿色为 6，紫色为 3。三个数字的最小公倍数是 24，经计算后得出古德温合成色：橙色为 3，绿色为 4，紫色为 8。

古德温及歌德各自提出的色彩百分率法则均适用于任何形式的色彩组合，并同时提出色彩组合中的颜色，无论是明暗或冷暖，都应该处于平衡状态。用正确的色彩百分率法则可以加强色彩组合的稳定性。当色彩非对称地排列时，将激发色彩特性，产生视觉冲击。当色彩相对称排列时，则会保留视觉的舒适和心灵的平静。

现实生活中发现采用色彩百分率法则的室内色彩设计十分难得，在大多数情况下，我们会在设计学院、前卫的工作室或艺术中心等，偶尔碰到，在住宅色彩设计里则更为少见。

采用歌德或古德温任何一位色彩专家的色彩百分率法则，都不存在对错问题，问题是哪一种色彩百分率法则能更准确地表现出所需要的视觉效果。

在室内色彩设计中，很少大面积采用百分率色彩设计法则，但往往适用于室内软装饰中，比如窗帘、床上棉织品、家具等。应用歌德、古德温两位色彩专家各自的色彩百分率法则，让我们来细细品味色彩的魅力。

大家或许会提出疑问，虽然已了解两位色彩专家的色彩百分率法则，但是，怎样做或计算才能在室内色彩组合中非常精确地展示各自的色彩百分率呢？答案是不可能的，因为室内不是以平面呈现的，是立体的，颜色从四面八方覆盖整个空间（天、地、墙六个面）及物体（家具），所以，读者只要灵活运用色彩百分率原理，在力求接近色彩百分率标准的同时又能体现各颜色和谐的组合，就可以了。

颜色是客观地存在于这个世界上，我们通过眼睛看到色彩缤纷的景象，再传达到脑子里，便开始主观地谈论色彩。因为我们都有自己的审美眼光，特别是对于颜色，更是各有所爱，所以，无论采用歌德或古德温任何一位色彩专家的法则所呈现的效果图，我们都可以根据各自的喜好来满足自己的视觉需求。

（四）比例法则

该法则指的是色彩组合中各颜色所占面积大小、尺寸之间的关系，与前面论述的色彩百分率法则有互补作用。

以下两种方法会使我们对色彩比例法则有更明确的认识。

（1）颜色使用的实际面积。

（2）重（亮）色的使用面积。

如图 3-3-6 所示，可看出色彩面积的大小影响其颜色的明暗，当颜色占用面积愈大，其颜色明（亮）度愈弱，从而变得比较暗淡；颜色占用面积愈小，明（亮）度愈强，视觉效果愈突出。

图 3-3-6　色彩面积大小对颜色明暗的影响

在日常生活中，色彩比例法则是不容易被察觉到的。已经知道色彩百分率法则与色彩比例法则有着互补作用，故此，利用色彩百分率法则可以清楚地解说色彩比例法则。

如图 3-3-7 所示，在橙色、蓝色各自占整个皮包面积的多少不变的情况下，金扣面积愈小，其颜色明（亮）度愈强烈。

图 3-3-7 不同色彩比例搭配的皮包

我们惊奇地发现，纵然两个皮包的大小和颜色相同，而我们的视觉心理上认为小金扣的皮包会比大金扣的皮包昂贵，主要是小金扣在视觉上亮度比较强烈，凸显了金扣小而精致。

如图 3-3-8 所示，两只手表色彩组合（表带、表面）代表了古德温色彩百分率法则（蓝是 9，橙是 3）。色彩比例则展示在表面的时间刻度圆点上。我们发现，表面上的时间刻度点面积愈小，亮度愈强，凸显手表外形比较雅致；表面上的时间刻度点面积愈大，视觉冲击将愈被减弱。

图 3-3-8 不同色彩比例搭配的手表

色彩比例法则基本上是提供色彩的点缀作用，而不适合大面积在室内色彩设计中使用。

色彩比例法则更适宜用于装饰面料，如墙纸、布料等图案。如图 3-3-9

所示，通过家具布料的图案变化，运用色彩比例法则，使得家具的外观形象产生不同的视觉效果。

图 3-3-9　家具布料图案的变化

　　通过前面讲解的色彩比例法则的特点，我们知道颜色比例（或图案）在物体上所占的面积越小，物体外观越精致。读者可根据上边效果图，细心分析了解，并在以后设计中有效地运用色彩比例法则。

　　在色彩比例法则中，无论使用的亮色（图案）面积是大或小，与色彩百分率法则相同，不存在对或错的问题，只是哪一种更适合我们的要求。因审美眼光各异，有人喜欢小面积图案的明亮和精致，也有人钟爱大面积图案的夸张及前卫。

（五）强调法则

　　颜色在室内空间里是最先吸引视觉焦点的元素。色彩在强调法则中，扮演着重要的角色。

　　人们通常误认为观察物体的瞬间（百分之一秒或者更短），首先是物体的形状和线条，然后是色彩。事实上，经研究发现，当人们观察物体时，物体色彩是第一时间被注意到的。如图 3-3-10 所示，红色的树叶、红色羽毛的飞鸟，都是第一时间进入人们视线里的。

图 3-3-10 强调法则在自然中的体现

纯色因其明亮度的缘故，一直在其他颜色里处于主导位置，纯色相比其他颜色更有视觉冲击力。

对比色同样适用于色彩强调法则。在色环上任何两个颜色相对距离愈远，色彩被强调而产生的视觉冲击将愈明显。同样的原理，可以选择带有灰度的互补色以舒缓纯色互补色给予我们的视觉冲击。

色彩强调法则经常采用纯色以便突出物体形状，而且我们发现在色彩强调法则中，隐藏着色彩比例法则，色彩所占面积比例越小越艳丽。

在运用色彩强调法则时，如果采用相同的颜色展示在不同材料的物体上，将会因材料质感的、光滑度的差异而造成颜色表面的亮度（艳丽）有所不同。实验证明，材料质感愈粗糙，材料面上的颜色愈突出。

在室内空间里，当需要一个视觉焦点时，如背景墙、隔断墙或玄关背景墙等，色彩强调法则是经常被采用的室内色彩设计法则。

在一个单色节奏的房间里，在最深颜色的墙壁前，放置一个黄色的柜子。虽然柜子的颜色也是单色节奏中的一个颜色，但是，浅颜色的柜子在深色墙壁前形成强烈反差，色彩强调法则就此体现。

在单色节奏的房间里，在深色的墙壁前放置一组偏红色的柜子。通过色块，很明显柜子的颜色不属于单色节奏中的色系，但都是暖色，又能和谐地融在一起。柜子放置在深色墙壁前，虽然它的颜色和墙壁颜色灰度接近，但色系不同，能观察到两个颜色的区别。因此，柜子以色彩强调法则被强调出来，同时又能减弱采用纯色强调的视觉冲击。

在单色节奏的房间里，在深色的墙壁前放置一组蓝色的柜子，通过色块，我们察觉到柜子的蓝色很明显不属于这个单色节奏中的色系，因为这个色系是暖色，而柜子的蓝色是冷色，不能和谐地融在一起。柜子放置在深（暖）色墙壁前，虽然它的颜色和墙壁颜色属于不同冷、暖色系，但都调和了灰色，将两个互补色（蓝、黄）协调在一起，缓和了互补色的视觉冲击，并能表现色彩强调法则。

二、室内设计中颜色搭配的创意

若要寻找色彩，就要重新审视整个世界。在开始家居设计之前，甚至在整合配色方案之前，需要先进行探索。我们可以回顾色彩记忆，将之关联起来，并记下脑海中其他与色彩相关的闪念。请留心在日常生活中看到的微妙色彩及其带来的不同感受。与周围环境建立起深厚的联系，首先了解你真正喜欢的事物。现在，在熟悉色环的色相、色调及其代表的不同风格与含义后，将其全部浏览一番，选取最适合的色彩。若是头脑更加活跃、眼界更加开阔的话，我们就会想到、看到无穷无限的可能性。而且，在收集灵感、深入思考的过程中，可以发现以前从未真正留意过的色彩，并在家居生活和斑斓色彩之间产生沟通和联系。

（一）色彩组合

以下问题有助于我们快速判断，挑选出适宜的明度、彩度和色调。这些问题适用于色环上的所有色调，包括中性色调。

当我想到这种色……

（1）它最柔和的色彩是什么色？它最深沉的色彩又是什么色？

（2）如果降低或提高饱和度，会变成什么色？

（3）它的暖色调是什么色？它的冷色调是什么色？

（4）它会随时间发生变化吗？在强光和弱光下，看起来有区别吗？

（5）它会出现在哪种天然材料上？

（6）光线暗淡或强烈时，它会如何变化？

（7）在我所有的物品里，哪些是这种色彩的？

（8）这种色彩让我感觉如何？

（9）它具有何种芳香？

（10）我和它有什么关联？它对我意味着什么？

（11）它让我想到了哪个季节？我能想象这种色彩在一年中的不同变

化吗？

（12）在夏天和冬天看它，它会带来不同的感觉吗？

（13）想象一处风景，这处风景能让我想到这种色彩吗？

（14）我对这种色彩有哪些童年记忆？

（15）最近在哪里见过这种色彩？

（16）什么食物是这种色彩的？

（17）在生活中，谁会让我想到这种色彩？

（18）哪些艺术家和设计师经常使用这种色彩？

（19）哪些品牌使用这种色彩？

（20）这种色彩会让你想到生命中的某个时刻或者某段经历吗？

（21）这种色彩会让你联想起哪里？旅行时，同样的色彩会发生新的变化吗？

接下来，开始寻找色彩。这种追踪和探索可以成为我们日常生活的一部分。放慢脚步，注意观察周围世界的色彩。例如，抓拍吸引自己的瞬间，收集灵感和样本。照片是抽象的，多注重色彩和构图，而非关注场景。我们可以把照片剪下来，贴在一起，也可以做些笔记，尝试用文字来描述色彩，只要你认为这样更有效果就好。

1. 日常配色

拥抱每一天（甚至每一刻）的新鲜感吧！挤出空余时间，学会放慢脚步。我们需要从工作、生活中小憩一下，在等车时、在去见朋友的路上，都可以尝试配色。环顾所处的位置，别让眼睛停下来。请注意观察人们衣物上的颜色和形状，以及光线照射的方式。有时间的话，可以在街道或常去的地方四处转转。可留心树叶颜色的变化，抑或在周末的日落时分小酌一杯。我们可能会被一种意想不到的色彩搭配吸引，就像粉色建筑上的生锈金属，或许大家会注意到邻居院子里绿色的微妙变化。也可能平淡无奇，没有任何突破，但有时平凡的东西一样令人惊艳称奇。

探索心中最喜欢的地方，用全新的眼光重新审视，留心观察，注意细节。比如，最喜欢的商店（看看里面的商品）、餐馆（看看菜单的配色、食物的摆放方式）、花园（注意光线变化）、图书馆（书籍是如此多彩），甚至是在朋友的家里（消磨时光的同时注意观察）。看看其他人如何搭配色彩，创造家居空间，这也能令我们大开眼界。

2. 食物配色

可以逛逛杂货店，寻找色彩，而非只购买清单上的商品。淡绿色的洋蓟、黄色的金冠苹果、明亮的酸橙和紫红色的莴苣，从色彩角度进行赏析，它们是如此美艳多姿，精妙绝伦。此外，我们可以寻找有趣的包装，或带灵感之物回家。对色彩的追寻，既是一种探索，也是一次在家中尝试色彩搭配的机会。例如，在杂货店里看到色彩饱满、色泽丰富的食品，就可能会在厨房或餐厅中运用这些色彩。尝试买些物品，把它们放在厨房的台面上，看看它会给我们带来怎样的感觉（图 3-3-11）。这种方法安全稳妥，便于测试大家对色彩的反应。

图 3-3-11 食物配色范例

3. 中性配色

现在，投入大自然的怀抱吧！我们可以去山区、海滩、森林、溪边或沙漠里旅行，去探索一些远离日常生活范围的地方，最好在一天或一周内往返。将拾捡的物品，如树叶、贝壳或者石头作为素材。留心那些感兴趣的东西，带一些最喜欢的东西回家。这是真正的户外项目，做得越多，就越会注意到细微之处。尝试把观察到的风景，尽可能地呈现在房间中，记住它带来的感觉，看看它如何随着时间的推移发生变化。度假时，或者到某个新地方时，留意这里的光线和你家中光线的区别。探索世界各地不同的文化，研究他们使用色彩的不同方式。当人们身处新的环境时，往往会更容易迸发灵感。把中性色带回家吧！创作出自我的色彩故事，唤醒初遇时的感觉（图3-3-12）。

图3-3-12　中性配色范例

4. 反思与总结

　　要留心观察我们周围的色彩、图案和形状，发现其中的美。如此一来，我们就会慢慢发生改变，逐步成长。这是一种可以不断累加的练习，会对生活方式产生深远的影响。请拥抱好奇心，将搜寻到的图像、物品和笔记收集起来，放到一起，这样便于对吸引自己的地方进行评估，并识别出对应的图案。也许有的人屡次为同种番茄红着迷，也许有的人偏爱一种深色调的绿色，或是被各种柔和的色调吸引。随着色彩收藏品逐渐增多，在完成色彩收集之后，请花点时间思考和总结，这是在学习和构筑自我的灵感体系。

　　一旦对自己感兴趣的东西萌生了初步想法，就要进行更深入的研究，进一步调查这些色彩。不妨去博物馆的展柜旁，看看艺术家如何使用和搭配色彩。逛博物馆会带来不少艺术启迪和设计线索，我们可能会发现，原来自己喜欢野兽派绘画中的鲜艳色彩，或是抽象表现主义者的大胆姿态。

要保持开放乐观的心态，不深究"想清楚"艺术的真谛；相反，要关注它带给自己的感受。请记录下和自身产生关联的作品和艺术家，以供后续查阅更多资料。可以去图书馆或书店翻阅设计类和艺术类书籍、杂志。品趣（Pinterest）、谷歌图片及设计博客都是寻找创意的绝佳地方。拥抱这种关注色彩世界的新方式吧！

当我们继续寻找色彩时，也要考虑和色彩相关的语言。语言和视觉之间的联系非常紧密。正如英国广播公司在其关于色彩和非洲南部辛巴部落的纪录片中所讨论的那样，当我们对色彩进行特殊定义后，便可以更好地欣赏它们。辛巴族人对绿色进行了细化命名，却未对蓝色命名。当他们看到12种色彩的正方形（11个绿色的和1个蓝色的）时，很难区分出蓝色的那个。不过，他们比大多数西方人更容易区分出绿色，这得益于他们的语言。

为自己所爱的颜色命名，如丁香色，我们就会和此色彩产生更加紧密的联系，这些色彩看起来也会更加别致。将大家对花朵的喜爱、香气的热情，以及第一次为餐桌挑选的鲜花都赋予相应的色彩，令它们更具个性化。联想记忆的能力十分强大，每当看到用那种色彩装饰的椅子，都会让自己感到快乐。

这就是通过有意义的色彩讲述自己的生活故事。可选择能表达地点、感情、记忆，甚至历史的名字。名字越个性独特，与美好记忆的联系就越紧密。请敞开心扉，接受关于材质、用途、明度、色调的全新想法，由此发生的积极联想会让我们大吃一惊。

（二）个性配色

要创造出属于自己的配色灵感、色彩和视觉系统，这一过程十分漫长，并且只能独立完成。如果我们渴望构筑出鼓舞人心的个人空间，那更值得为此付出。对这项研究的深入程度取决于每个人的兴趣所在，一定要经常回顾自己的灵感所在。

在工作室，我们可以准备一个色彩专用素材库。每次着手准备项目时，都为主要色相设置专用的素材库。素材库里会有每种色彩的纯色素材，可以是餐馆的菜单，因为菜单上完美的薄荷绿极具吸引力；可以是老旧的、裂开的丝绸上衣；也可以是五金店的油漆样本。这个色彩库是配色的起点，这样我们在设计的时候总能从中获取灵感。记得保存之前做过的色彩提案，无论是染色的织物还是绘画的纯色样本，即便现在不太应景，但在未来可能又变得适宜起来。

在与生产商合作时，他们需要知道每种色彩的具体细节。许多公司都使用潘通公司（Pantone）的色卡，这俨然已成为行业标准，但有的人更喜欢展示真正的织物、彩纸，或是最常见的手绘样本，它更发自内心，因而更加准确。

每次做出配色方案后，我们可以根据情况进一步优化它。具体取决于我们想在空间实现怎样的配色。色环上或许有我们喜欢的绿色，但用作墙面的色彩时要加以淡化才行，或者将之加深，做成灯罩。综合考虑色彩的背景与环境，可以相应地对其加深或淡化，并确定它的用途，是作为油漆涂料，还是染色织物。

最初挑选色彩时，我们可以推测和想象，当看到纺织品的实物样品时，我们就能真正判断出这种色彩是否与其他色彩协调搭配。大家可以使用同样的方法去装饰自己的家。可以带些样品回家，变换家具的摆放位置，绘制些装饰图案，以此检测实际配色效果。多花些时间去思考，预想下我们期待的效果，检验其对应的结果，这样能筛去不适合的配色方案。如果感觉不对的话，就试试别的；如果这能让我们感到开心，那就意味着有所收获。

从花时间收集、记录并研究自己的兴趣开始，大家就已经在为自己的色环"添砖加瓦"了。按照色相来摆放样本帮助会很大，便于发现自己最喜欢的色相和色调。随着时间的推移，相信大家也会建立起自己的色环。没有色彩专用素材库也没关系，重点在于收集的过程中不要弄虚作假。从零开始，给自己足够的时间，提出自己的想法。这个过程是艺术化的，匆忙不得，也没有正确答案。

在对自己喜欢的特定色彩有了明确的想法之后，就要开始观察色彩之间的相互影响。可以用任何实物来打造属于自己的色环，如纸片、颜料片、包装纸、树叶、信纸、布样、照片、贝壳、碎陶瓷、石头，甚至是橡皮擦。如果大家发现某种物体的色调刚好合适，但它的面积过大，不适合放入色环，那就找些相似色的纸张或织物代替，或者用拍照及绘画的方式记录。将各种色彩放在圆形或矩形色环中，如同传统的色环一样，记得加上自己特有的色调。可以选择胭脂红、南瓜色、赭黄色、草绿色、藏青色和淡紫色，以取代传统的红色、橙色、黄色、绿色、蓝色和紫色。我们会发现，在诸多不同色调的色彩中，自己只钟情于一种色彩。每个人的色环都是独一无二的。尽量缩小选择范围，只选择一种色相的几种色调，精挑细选，寻幽入微。不要忘记中性色，它们对营造和谐的空间氛围至关重要，可将中性色放在色环中最为接近的色彩旁边，或者在色环底部另开一栏。请注意纹理和材料是如何影响我们对色彩的感觉的。自己喜欢这种织物的布料吗？还是喜欢像橡皮擦一样的材质？我们可能对一种色彩的不同形态产生截然不同的反应。这样的色彩反馈无可比拟，将为大家今后的色彩搭配提供弥足珍贵的信息（图 3-3-13）。

图 3-3-13　个性配色范例

（三）五色配色

色彩魔法即将施展其真正实力。色彩的"独舞"如梦如幻，色彩的"和声"扣人心弦。

首先，让我们尝试下五色配色。从自己最喜欢的色彩开始。接下来，添加至少两个中性色（谨记，中性色可能只是某种柔和的色调）。回想一下明度、彩度和色调，然后，加入一种过渡色——这是为了在中性色和我们所选的第一种色彩之间进行调和，消弭对比。这也是讲述色彩故事的意义所在。

色彩是充满故事性的，它有着朝气蓬勃的开端（焦点色），随后发展过渡（中间色和过渡色），最后是扣人心弦的高潮部分（强调色）。举例来说，如果我们选择了番茄红，随后加入灰色和灰褐色的中性色，那么可能需要加入柔和的珊瑚橙色进行过渡，最后，添加一种强调色，使配色活跃起来。作为一种过渡或者强调性色彩，它只在特定区域出现，或许是一些沉静的色彩，用来增强整体感。对配色来讲，比例非常重要。当然，我们可以随时调整配色比例，创造无限可能。

想继续深入吗？下面列举的配色方案亟待探索。

（1）相似色可以获得更加和谐的纯色配色。将三种色彩（如紫蓝色、蓝色和蓝绿色）与两个中性色搭配起来。

（2）想获得斑斓的多彩配色吗？可以参考一下互补色。

（3）去看看我们的色环，分别取出原色、间色和复色。

想想触景而生、受季节启迪的配色方案吧！想象一个基于家居、海岸，或者有关最美记忆的配色方案，试着将每种气味化作不同的色彩。大家最喜欢哪个季节？为我们的家挑选出某个"季节"，进而调配出与意象相符的配色方案。如果选择了秋季，我们可以选择更加丰沃深沉的色彩，如珠宝般的色泽，以及所有被秋辉点染的色彩。如果倾向于女性化、梦幻化的风格，春日般的配色方案可能会更应景。夏日的氛围更适合鲜亮、强烈、明快的色彩。

四个季节都会启发我们，想一想自己所青睐的四季色彩，每个人对四季色彩的联想和感知可能迥然不同，在每个季节，大家都渴望什么色彩呢？

建议回顾一下书中的家居配色案例（或是我们收集的配色灵感），并从中撷取色彩。建议在装饰房间之前，至少做出五种配色方案。可尝试创造出各式各样的选择，尽情泼墨挥洒。配色方案做好之后，想想它们传递的意象，只有掌握了色彩的意象，才能更好地将配色方案应用于家居空间中。

以粉刷墙壁为例。

（1）当我们搬进新家或重新装修时，不要把粉刷墙壁作为头等大事。虽然许多承包商和设计公司会对此颇有微词，但还是建议先把刷墙事宜放一放。

（2）为空间氛围定调。建议考虑一下色彩的明度（明暗），这将大有裨益。事实上，新刷的色彩不会改变空间大小，却会影响感官感觉。深色通常会有收缩感，冷色调的深色，如藏青色，会让人联想到凝望的星空，让人感觉空间更为开阔。浅色可以反射光线，清朗通透。中灰色调在多数空间中百搭无忧，尤其在采光不好的地方。

（3）请找一件可以营造空间氛围的物品，如抱枕、油画、杂志里的房间图像、风景照片等。带上它去涂料店，看看什么色彩能让自己产生对应的感觉。记得给自己多一点时间，尝试不同的想法，新的组合可能会令我们眼前一亮。

（4）可以把涂料的试用小样带回家，在墙壁上涂上一点，然后观察。把它涂在光线充足的地方和背光处，看看明度、色调在昼夜间的变化，随着光线的变化，灰色和褐色会变成紫色、绿色、红色或蓝色。也可以涂到木板上，放在不同的房间里，观察色彩的变化。建议多观察几天油漆小样。在墙壁上，色彩看起来常会更暗沉或更饱和，因此建议选择比预想色彩浅一些或者更亮的涂料色。

（四）色彩应用

可仔细斟酌我们想要添加色彩的房间，初步构思对应心情与意象的配色方案，并将它运用到家居空间。用所选的配色方案画出房间的草图吧！房间构图不一定十分精准，但要表达出在哪个位置会使用何种色彩。这张草图甚至只需要寥寥数笔，在上面我们可以把几何形状作为参考对象（如用长方形代表沙发，正方形代表椅子、地板或墙壁）。或者可以从网上找些黑白线条的房间构图，再用彩色铅笔进行填充，玩转奇思妙想。如果有的人不喜欢绘画，也可以选择拼贴，或者在网上或杂志上寻找喜欢的色彩图片。

如此一来，我们的色环和配色方案将会变得更加精致。这是循序渐进的过程，当更大范围地实践时，可能会发现：也许只需要使用配色方案中的一半色彩，或是色环上的几个色彩，就可以使它层次分明、搭配和谐。我们随时可以保留配色方案中的色彩，以便日后用到小物件中去（配饰也是引入其他色彩作为强调色的好方法），但是至少要有一份色彩路线图，这样就能在需要添置更多色彩的时候，提供线索，引路前行。

"纸上得来终觉浅，绝知此事要躬行。"有时候，不试一试，就不会知道对此事的感觉如何，亲身实践总是好的。如果不喜欢它，就去改变它！

1. 搭配自然光线

想象在冬日的沙滩上漫步的感觉：柔美的沙色融合成更深的棕色，金色的赭黄色和温和的绿色也躺在沙丘里，而所有这些都与海洋的色彩、清澈的蓝天形成了鲜明对比。也许会看到，有一位穿着红色毛衣的人正沿着海岸行走，周围还有一栋镶着蓝色百叶窗的房屋。明亮的色彩在风景中跳跃，不显突兀，反而很有凝聚力，因为这一切出现在同一片光线下，又通过阴影和维度联系在一起。配色被巧妙地统一起来——这就是我们在勾勒画布、处理层次关系之前，首先要考虑房间光线的原因（图3-3-14）。

如果空间中的自然光线不足，就要想办法补光。建议在选择新的色彩或做出改变之前，首先迈出这一步，因为光线会影响其他一切因素。暗沉的空间充满挑战性，因为在此使用的色彩，让人一眼望去会觉得更加黯淡。一般来说，每个房间都应该拥有不同层次的照明。照明方式可分为三类：环境照明（如顶灯）、局部照明（如台灯、壁炉上方的灯等）和重点照明（补充环境照明，突出房间中的艺术品或其他细节）。

大多数家庭都装有顶灯，可考虑是否还需要增加其他照明。如果我们需要引入更多光源，可以在座位上方安装灯饰，这会让房间的氛围更为舒适。

有了光源之后，再考虑灯泡。如果你喜欢的色彩在自然光下十分美妙，但夜间的灯光会让它变暗，可以换个亮一点的灯泡。如今市场上的选择很多。

提到为暗沉的房间选择涂料色彩时，著名设计师艾米莉·亨德森提出了很好的建议。人人都爱白墙，但是在光线黯淡的地方，白墙看起来会很脏。在这种情况下，我们最好选择中间色调或略显刻意的灰色，而不是由于光线不足会显得发灰的白色。亚光涂料能均匀地反射光线，而亮光涂料会产生眩光。

装饰提示：可增加反射光线的镜子，使用白色的阴影部分帮助房间反射光线。

图 3-3-14　搭配自然光线

2. 创新陈列方式

大家已经完成了所有的研究，从现在开始，利用所拥有的物品进行小范围的试验吧！创造装饰图案是一种很好的方法，可以尝试在色彩中建立联系，书写色彩故事，营造出一片崭新的空间，或是刷新一下空间的观感体验。到目前为止，我们只在二维平面上欣赏色彩故事，但事实上更重要的是在三维立体空间里尝试配色方案。由于光线照射的方式不同，因此立体色彩与平面色彩大相径庭。在家中找一些自己所爱色彩的物品，或者去购买一些符合自己喜欢色彩的、小而便宜的物品吧。先把物品进行分组，如花瓶、相框或雕塑，看看对此的喜爱程度。即使是细微的调整，也能改变空间氛围，给房间带来新鲜感。

3. 循序渐进的布置

如果我们对色彩的引入一窍不通，那么可以保留相对确定的部分，再考量房间的基调色，并把目光投向中性色。沙发是承载中性色的良好载体，因为沙发上面还会搭配其他色彩。地毯也是增添色彩的好地方，尽管它是房间里较大的单品。一定要在深思熟虑之后，再将色彩有层次、有条理地融入到家居配色方案中。

虽然有了设计草图、色环和色彩情绪板，但这并不意味着要把色彩运用到所有的新家具中。首先，试着将色环上的色彩小范围地用于沙发，然后再尝试用于沙发饰品上，或者买一个新沙发。另一个技巧是：给房间拍一张照片，把它打印出来，然后在打算变换色彩的家具或墙壁上贴些彩纸。也可以从挂画中带来灵感的色彩开始，突出配色方案和特点，逐步深入，激励我们一次次使用新的物品构筑家居空间。到目前为止，大家所做工作的美妙之处在于：有计划在手，可以从容不迫、有条不紊地创造一个承载华丽又独特的色彩故事的空间，这个故事由每个人亲笔书写，斑斓绚丽但不逾矩出格。

4. 流动统一

精练你所爱的色彩，将有助于建立起房屋之间的联系。当我们把家居空间作为整体的色环来对待时，各个房间中的色彩就会产生相应的联系，有助于凝结空间的内聚力。请考虑一下两个房间之间，中性色和过渡色如何转换？举例来说，如果家中拥有开放式的客厅和厨房，就可以考虑在空间中使用相同的中性色和过渡色。大家也可以选择相互协调但又彼此区分的配色方案，赋予它们不同的作用。比如把焦点放在厨房的蓝色上，并在客厅的配色中注入相同的蓝色质感。也许从一个房间看向另一个房间时，只能看到墙壁上的一点颜色。如果愿意的话，可以考虑一下两种色彩的搭配。

记得把整个家想象成完整的景致，从大自然的色彩应用中汲取灵感，在空间色彩的转化方式上获得启发。如果我们想用照片、图画或风景绘画来装饰房间，请把它们放在一起仔细观察，确保配色和谐统一。想想眼前所看到的每一层色彩：把墙壁想象成某处景致的"背景"，可以是一天中不同时间的天空或田野；家具可以是景致中的树木、建筑，或者其他的大块物体。仔细观察前景中的细节和微小元素，想想色彩是如何相互联系的，考虑使用同一种色彩的不同色调。

5. 炫彩生活

我们已经探索过、体验过、构思过、想象过，请把所有的想法都带回家。谨记，家居空间是一块更大的画布，它会发生变化。大家已经具备了享受这一旅程所需的全部工具：先摆弄某处角落，然后是某个房间，最后变成整栋房屋。重新翻看本书，并把它作为我们的设计参考指南吧。每个人的色彩故事会随着自身的成长而不断变化，它独一无二，你是它的唯一作者，请将这一点铭记于心。准备好用独有的色彩包裹自己，创造出属于自己的色彩世界，生活到神奇的斑斓景致中去（图3-3-15）。

图3-3-15　多种色彩的搭配

第四节　室内色彩设计案例分析

艾米莉，得克萨斯人，室内设计师、软装设计师。她在肯塔基州的农村度过了童年时光。她继承了父母对工程项目的喜爱、修缮房屋的热情，以及对家庭的自豪感。"我的父母把舒适的居住环境看得很重，"艾米莉说，"我对此非常感激。"

2016年感恩节前夕，在历经6周的装修之后，她和丈夫乔纳森·肯普搬进了位于皇后区杰克逊高地的公寓，在此期间，她激发了无数家居装饰灵感。这里的标志性建筑如今已达百年之久，夫妻俩住在这片优美迷人、历史悠久的街区，感到无比幸福。"不是每个人都喜欢这种有历史渊源的战前公寓，"艾米莉提道，"但是它魅力无穷。"他们买下这套公寓的时候，公寓的状况不佳，相关维护也跟不上。于是她开动脑筋，将注意力从脏乱的表面转移到了精巧的内部结构上，幸运的是，大部分的房屋细节仍然完好如初。

艾米莉决定相信直觉，她把室内所有的门框都漆成了番茄红色，并开始构建自己的配色方案。"我从不认为自己是个红人，"她说，"不过因为种种原因，我觉得这个公寓很合适红色。"她一开始设想把客厅的墙壁刷成蓝色，把卧室的墙壁刷成薄荷绿色，这样红色有助于中和冷色调。同时，红色也与挂在一旁的镶嵌画（克莱·麦克劳林的《黄色垂柳梦》）相得益彰，她非常喜欢这幅画。她补充道："我决定如果改变想法，如想给房间换个颜色，那就大步流星地继续推进，就和画画一样。"最终她发现，大胆的尝试获得了令人满意的效果，"如此一来，便有了这些看起来很疯狂的红门"。

艾米莉钟情于色彩，她觉得选择每一种强烈的色彩都是如此的个性张扬，以至于根本不会考虑淡雅的中性色。相反地，她倾向于在小空间里使用较深的色彩，以此强调空间的舒适性；而在大空间里则使用较浅的色彩，以达到通畅的流动之感。在全新的空间中，她变得务实，利用现有物品进行装饰，同时她依然怀揣梦想，并列出了一份心愿单，计划买些织物和家具。"这是个快乐的过程，即使我不会买清单上的所有东西，但这会让我重视已拥有的物品和心爱的东西。"她如是说。

一、色彩搭配

艾米莉所选取的配色方案虽然传统，但色彩运用得当，让人眼前一亮。她的家选用了经典的红、黄、蓝三原色配色方案，但在具体的色彩搭配上别出心裁，堪称典范。这些色彩不会让人心烦意乱，相反会让人从容不迫。

柔和的蓝色墙壁如同天空般自然，饱经风霜的金黄色与空间中的淡黄色、浅橙色、原木色和金色等暖中性色搭配，相得益彰。从淡淡的楠塔基特红到浅浅的石蕊红，不同色调的红色都凸显了红门，使之更为醒目。门上的红色蓬勃昂扬、充满活力、生机盎然、张弛有度。深色调的红色色泽美丽，有助于家居色彩的过渡。此外，她使用不同色调对空间进行装饰，让整个房间显得更加自然，张扬却不张狂、个性却不任性。她在走廊区域使用柔和的红色，并在其他房间里搭配适宜的色彩，使门与客厅之间遥相呼应（图3-4-1）。

图3-4-1　艾米莉室内色彩搭配案例

二、走廊设计

纽约的公寓看起来就不大，居住空间也很狭小，但通过精妙的布局和巧妙的设计，会让家居空间在视觉上宽敞许多。

走廊空间看起来狭小，将墙面刷成经典蓝色，与红色形成了互补，营造出沉着持重、典雅优美之感。这种色相虽是中性色，却因红门而显得尤为突出。它与客厅柔和的蓝色墙壁相呼应，营造了整体空间的统一感（图3-4-2）。

三、厨房设计

艾米莉热情好客，她家厨房就是最好的写照。厨房多用中性色，虽以灰褐色壁纸为底色，却依然晴朗明媚，金光普照。棕黄色的椅子、金黄色的柠檬，烘托出灿烂明澈、温暖宜人的氛围。这些金黄色也衬托出客厅的色彩氛围。加入点点黄色，使灰褐色、金色和暖中性色变得金碧辉煌、如日朗照。从艾米莉的厨房不难看出，小空间即使不选用明亮的色调，也可以获得明亮通透感。

图 3-4-2　厨房色彩搭配

四、卧室设计

客厅的色彩延续到了卧室，显得愈加沉静，更具有治愈性。将红色作为点缀色，如红色外壳的闹钟、点点柔红的床单，以及深色实木家具，都与红色相统一（图 3-4-4）。

如图 3-4-3 所示，艾米莉用绿色取代了黄色，薄荷绿的台灯，附以周围的点点绿意，营造出更为平静安宁的空间氛围。我们通常认为，卧室应该安恬宁静、元气饱满，而卧室中的色彩搭配也与整体家居的色彩息息相关。

图 3-4-3　卧室色彩搭配（a）

图 3-4-4　卧室色彩搭配（b）

　　为激发灵感，艾米莉仔细研究了设计同行的作品、家居大师的范本。"印刷出版物让我百看不厌。"她笃定地说道，但互联网也是不可思议的交流平台，可以交流思想、缔结友谊、共享资源。

　　她的书桌上摆着一块用于收集灵感的色彩情绪板，而在一旁的书架上，堆叠的书本又成为展示色彩的舞台。她认为，在整个设计过程中，需要花时间去浏览、成长和发展。她建议所有准备装修新屋的朋友要"永远谨记，家居装饰绝非一蹴而就，创造佳作需要时间"。

第四章　室内照明设计

照明设计的迷人之处在于光可以感染人，不仅仅是在视觉上，像是设计一种摸不到的东西，但是设计出来之后却又让人感觉那么真实。本章介绍的是室内照明设计，内容包括照明设计中的光源类型、光的色彩、亮度分布等理论基础，以及照明设计与室内设计的结合，最后介绍室内照明设计的经典案例。

第一节　照明设计基本原理

一、光源类型

（一）自然光

将日光或日间照明融合到室内空间，对于创建高质量和可持续发展的环境至关重要。这种做法包括日光采集，也就是说，捕捉日光的目的是照亮室内并节约能源。

区分阳光和日光非常重要。通常认为阳光是太阳直接射入空间内的光，这种类型的光有其自身的缺点，因为直射的阳光会产生眩光并引起室内温度过高，从而导致材料褪色。

日光或天空光是用来描述空间中理想的自然光的术语。日光可以造成眩光和不良影响。通常来说，即使日光分散，也是确定颜色真实度的标准。

通常在建筑规划阶段就要考虑自然光，尤其是日光的方向和质量，以此决定建筑物所在场地或建筑物内空间的位置和方向。

日光可增强阅读和写作的视觉灵敏度。对于室内设计师来说，判断自然光属于暖光还是冷光范畴十分重要。此外，设计师还要了解自然光对情绪和空间内各种表面的影响，如光与肌理和颜色的相互作用。事实证明，自然光可以提高整体的幸福感。

（二）电灯

19 世纪电灯进入人们的日常生活，之后室内设计便在此基础上广泛使用电灯。室内设计师在很大程度上通过电灯的使用来打造项目想要的效果。照明技术的革新速度非常快。

1. 白炽灯

白炽灯是人们使用的第一种电灯。托马斯·爱迪生（1847—1931）于 1879 年发明了第一种实用型的白炽灯。这种白炽灯通过将电能施加到细灯丝上，直到达到炽热点来发光。与在理想条件下呈现白色的自然光相比，白炽灯更温暖。通常认为白炽灯颜色更黄，并且让人感觉更加舒适和温馨。

与其他电气照明方式相比，白炽灯照明能够产生更多的热量，因此是一种节能光源。

白炽灯照明可能会产生阴影，从而创造出戏剧性或浪漫效果，这可能是其积极作用。消极一面是，可能导致眼睛疲劳，或隐藏需要被看到或强调的元素。这种效果可以通过使用透镜、滤光片和反光片加以不同程度的控制。

白炽灯有很多种，包括标准 A 型灯、卤素灯和反射灯，形状、大小和瓦数各异。瓦特，以字母 W 表示，是功率消耗的度量单位。

住宅环境中常用的标准（任意类型）电灯目前因其能效不足而受到严格审查，这导致政府法规因电灯的使用地点和用途不同而异。例如，美国国家环境保护局（USEPA）制定了包含白炽灯在内的标准，并没有禁止白炽灯的使用。还应注意的是，科学家们正在努力提高标准 A 型照明灯的能效，其中一项研究成果就是麻省理工学院（MIT）的研究人员正在研发光感型标准 A 型白炽灯。

2. 卤素灯

卤素灯是白炽灯的一个子类别，于 1959 年推出。根据其外壳，更准确来说应被称为钨卤素灯或石英卤素灯。卤素灯有各种形状、大小和瓦数，与标准 A 型白炽灯相比，其有几个优点：其中之一是让人感知到更多真实的颜色，仿佛置身于白光下。换句话说，卤素灯使颜色更美观。卤素灯的另一个优点是其以连续的速度或同等的亮度燃烧，而标准灯泡会随着使用时长的增加而逐渐变暗。因此，卤素灯的效果更加稳定（图 4-1-1）。

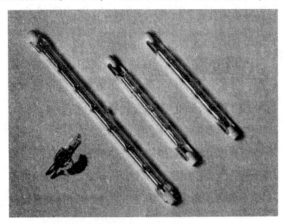

图 4-1-1　卤素灯灯泡

与标准 A 型照明灯相比，卤素灯能效更高。能效作为评估标准，用来评估灯源的亮度与其消耗能量的比值。同等能量输出下，卤素灯比标准 A 型灯更亮。

几十年来，卤素灯的使用已从主要的商业产品展示扩展到商业和住宅环境中，用于各种环境、工作和重点照明。卤素灯已经发展成为低成本的照明解决方案，用于环境照明和工作照明的卤素灯有多种形式。

卤素灯的瓦数系统与标准 A 型照明灯不同，通常从两者的制造标签上就可以看出区别。例如，一个标为 75W 的卤素灯的亮度相当于一个 150W 的标准 A 型灯。

3. 反射灯

反射灯属于白炽灯，这种白炽灯能够控制光线反射方式从而调节其形状和焦点。反射器是由镜面玻璃或抛光金属制成的表面，其形状可以将光源射出的光线反射到特定方向。反射器可以是灯具本身的一部分，也可是灯具外壳的一部分。它们可以形成各种各样的光束传播，特别适用于重点照明。光束的传播或光线的分布是由反射表面的形状和反射面决定的。

一种广泛用于户外的反射灯是抛物面镀铝反射灯（PAR）（图4-1-2）。从本质上说，抛物面镀铝反射灯由两片熔合在一起的玻璃制成，一个是反射器，另一个是透镜。透镜的表面决定了光束的传播。这些灯是按尺寸划分的，将该尺寸除以8得到灯的近似直径，单位为英寸。抛物面镀铝反射灯可以在低电压下工作。电压（V）是电势的测量值。在美国和加拿大，标准电压（也称为线路电压）通常为120V。个人住宅和商业用户必须使用变压器降低电压（通常为12V）才能使用。在住宅和商业环境中，如餐馆和商店，另一种常用的反射灯是镜面反射灯（MR）（图4-1-3）。这种灯与抛物面镀铝反射灯一样，主要通过尺寸，特别是直径来描述（同样是用尺寸除以8得到的近似值），如镜面反射灯16号的直径为2英寸。镜面反射灯可以在低电压下工作。随着技术的发展，小型变压器实际上已经成为灯具的一部分。镜面反射灯通常用作轨道灯或天花板吊灯。

图4-1-2　抛物面镀铝反射灯灯泡　　　　图4-1-3　镜面反射灯灯泡

4. 荧光灯

荧光灯最初是在1939年纽约世界博览会上使用的。此类型的灯具中，玻璃灯管充满了低压状态的汞蒸气，产生一种看不见的紫外线辐射，激活灯内的白色磷晶体。磷可以发光或荧光，将紫外线能量转换为可见光能。荧光灯的普遍特征是漫射性，不像白炽灯，投射的阴影很少。因此，可用于一般照明，也可用于工作照明。荧光灯因其效率高而在办公室中得到广泛应用（图4-1-4），与标准 A 型灯相比，荧光灯不会产生多余的热量。

　　早期的荧光灯存在一些弊端，如引起眼睛不适、呈现的颜色准确度低、冷调灰色的外观、有杂音及频闪。但是随着技术的进步，这些现象已经大大减少。如今，节能正变得越来越重要，改进后的荧光灯效能提高，也越发受人欢迎。

　　荧光灯由不同宽度和长度的线性管及圆形管构成。荧光灯照明的一个重大进步是紧凑型荧光灯（CFL）的发明，其耗电更少，持续时间更长，颜色比其他荧光灯更好。将白炽灯换成紧凑型荧光灯，可减少75%的照明能量需求，使用时间延长 10 倍。可对紧凑型荧光灯加以改装以替换现有固定装置中的标准白炽灯。另一项改进是荧光照明的设计，其可以提供重点照明，适用于商业和住宅应用的产品展示。使用调光器控制荧光灯亮度的灵活性更强，也更节能（图4-1-5）。

图 4-1-4　室内荧光灯照明　　　　图 4-1-5　各种各样的荧光灯

5. 霓虹灯

　　霓虹灯发出的彩色光是由不同气体或蒸气产生的。相较于非住宅设计，霓虹灯不太适用于住宅设计项目。其最常见的用途是在商业标志和广告牌中制造强视觉冲击力（图4-1-6）。霓虹灯持久耐用且容易弯曲，因此可以将其安装在难以触及的地方。LED照明的进步（后面讨论）及其在色彩处理方面的范围，已经明显取代了霓虹灯这种强视觉冲击的照明方法。

图 4-1-6　遍布霓虹灯的北京市场

6. 高强度气体放电灯

高强度气体放电灯是 20 世纪 30 年代早期研发出来的，从那时起已经有了相当大的改进。电流在高压下通过气体，从而使高强度气体放电灯发光。高强度气体放电灯有不同的大小和形状（图 4-1-7）。这种灯有汞蒸气灯、高压钠灯和金属卤化物灯三种基本类别。这些类别之间的显著差异在于呈现颜色的方式不同。这三种高强度气体放电灯中，金属卤化物灯（MH）呈现的颜色最准确，尤其是与陶瓷（陶瓷金属卤化物灯，CMH）结合时。

图 4-1-7　各种各样的高强度气体放电灯

高强度气体放电灯效率极高，可大规模商业化使用。高强度气体放电灯照明，特别是更高效的高压钠类型，主要用于路灯、高速公路、机场跑道、体育场馆和停车场照明。必须长时间保持照明并且维修（如更换灯具）不便时，可使用高强度气体放电灯。高强度气体放电灯开启时间非常长，其主要缺点是显色能力有限。但是，随着该领域的不断发展，高强度气体放电灯将会有更广泛的应用。

7. 光纤照明

光纤照明采用远程光源照明。光源装在盒子里，定向灯通常是金属卤化物或钨卤素。其优点是安全、易于维护、低传热性，以及发射少量红外线和紫外线波长。照明箱可远程放置于干燥的地方，因此定向灯可安装在潮湿的地方，如游泳池和淋浴间。

8. 固态照明

固态照明（SSL）是一种相对较新的照明技术，使用半导体材料将电能转化为光。固态照明是一个涵盖发光二极管和有机发光二极管的总称。20世纪60年代研发的发光二极管（LED）是无机（非碳基）材料的。有机发光二极管（OLED）是发光二极管照明领域的一个分支。这些灯具含有极薄的碳基化合物片，当电极受到电荷刺激时，这些化合物就会发光。有机发光二极管照明系统的应用仍处于早期阶段，但不久的将来有望成为常用的照明设备。有机发光二极管的一个子类别是使用聚合物这种半导体材料来生产极薄的发光二极管，适用于多种用途，如可折叠显示器、室内照明和医疗技术应用。有机发光二极管照明是室内设计专业学生应该持续关注的话题。维护成本低，且不产生破坏性的热量排放或紫外线排放是LED灯的主要优势。

自推出以来，这项技术已经有了显著的进步，以至于其使用不再局限于外部照明和显示器。数码控制的LED灯能够灵活地变换颜色、亮度和特殊效果，因此常用于商业建筑的室内或室外照明，如酒店和零售业。亚斯总督酒店是阿布扎比的一家豪华酒店，外部炫目的LED天棚在夜晚的天空下光影交叠，熠熠生辉，让客人惊叹不已（图4-1-8）。因为成本持续降低，尺寸和其他性能也有所增加，所以LED在住宅照明方面的应用范围不断扩大。

图 4-1-8　亚斯总督酒店的 LED 灯

二、光的色彩

某个物体或表面的颜色是由其反射或透射出的光所决定的。颜色并不是物体本身的物理属性，而是从其反射或者穿透出来的光波所引发的生理及心理综合效应。我们所感受到的颜色是特定尺寸、几何形状、辐射率及背景下的某种材料所反射或透射出的能量落在可见光谱内特定区域的结果。

绿色玻璃可以透过落在光谱中间区域的波长，吸收其余大部分辐射；黄色颜料可以反射光谱的黄色部分，吸收掉其余大部分波长。白色或中性灰色材料几乎能够等量反射所有波长的谱线。

光谱颜色通过波长加以区分，波长单位通常是纳米。将两种波长的色光混合，也可能得到一种新的颜色，如 525nm（绿色）和 630nm（红色）的色光混合后，会得到黄色光。

通过查看常用材料反射率表我们可以知道，黄油吸收了大部分短波段的光，反射了其余大部分波长，这些波长组合在一起，形成黄色。莴苣反射了 500~600nm 波段的光线，吸收了其余所有波长。番茄是红色的，原因是它反射了 610nm 的可见光，而将其余波长统统吸收。

为了某种材料的颜色表现得更准确，我们需要使用包含该材料所反射的波段谱线的光源，用一个白色光源去照射番茄能显示出番茄的红色，因为其中的长波段色光（红色）被反射到人眼中，而其他部分都被吸收了。

如果用绿色光源去照射番茄，结果会显示一种暗灰色，因为光源中不包含长波段色光（红色），也就无从反射。我们的眼睛只能看到在光源照射下的表面的颜色。

某个光源如果发射出的光辐射几乎平均地分布在整个可见波长区域，那么颜色上会显示"白色"。将一束很窄的这种白色光线穿过三棱镜后，会分成若干种单独的颜色，人眼可以分辨它们。分光后得到视觉现象叫作"色谱"。

"白色"光源发出的光辐射几乎覆盖整个可见波段，但这种配比并不总是最理想的。光源中即使缺少某些波长的谱线依然会显示出白色，这些光谱的缺失会影响颜色的呈现，这种效应就称为"显色性"。显色性不同的光源会让某些颜色显得灰暗，又会让某些颜色表现得特别鲜艳生动。

由于"白色"光中不同色光的比例不同，我们所谓的白色光其实是个很大的门类。在这一大类中，最常见的区分方法是"暖色调"和"冷色调"。暖白色光重点突出了光谱中长波段成分，对应的色调是黄色、橙色和红色。暖色光源发出的光色调类似于太阳光，如白炽灯泡、卤铝灯泡、陶瓷金卤灯，还有高压钠灯光源。相反，冷白色光源突出了光谱中短波段的成分，对应色调是蓝色、绿色和黄色。常见冷色光源有荧光灯和石英金卤灯等。

光源厂家提供的光谱功率分布（SPD）图表可以反映出光源的相对光色组分。由于这些图表很难直观表达出光源的光色是什么样，我们需要一套更简洁表达光色特性及显色性的评价体系。

（一）色温

色温描述的是光源出光的外观特性。色温的单位是开尔文（K），起点是绝对零度。

在室温下，普通物体（如一块铁）是不会发光的，但如果加热到一定温度，铁块开始发出暗红色。学术研究中，物理学家不会用铁块这样的物体，而是提出了一种叫作"黑体辐射源"的假想模型。和铁块类似，黑体加热到800K时会发出红色光；加热到2800K时会发出温暖的、有些发黄的"白色"光；加热到5000K时会发出像白天的太阳一样的白色光；至8000K时呈现一种发蓝的白光；到了60000K时几乎已经是纯蓝色光。我们必须用黑体这种假想模型，因为普通的铁在如此高的温度下早已熔化了。

色温代表的并不是实际光源表面的温度或其某个部分的温度。当黑体的可见光辐射同某种光源的出光一致时，黑体的绝对温度即为色温。

白炽灯和卤钨灯都是热辐射光源，它们和黑体一样，放射出的是一段连续的光谱，几乎覆盖了整个可见光波段。因此，白炽灯的光谱可以准确对应到某个色温。荧光灯和高强度气体放电光源（HID）发出的是不连续光谱，某些波段的谱线是空缺的。这些不连续的谱线共同呈现出"白色光"，因此荧光灯和HID光源的色温只能用相关色温（CCT）来表示。

建筑照明中常用的白炽灯色温在2600～3100K；卤铝灯色温范围为2700～3200K；陶瓷金卤灯相关色温为3000～4200K；荧光灯可选择的相关色温为2700～7500K；北极天光的色温通常被认为是10400K。

遗憾的是，非连续光谱光源的相关色温无法反映其光谱能量分布的信息，例如，RE-930荧光灯管的相关色温和一般的暖白色光源的相关色温一样，但是它们的光谱分布曲线及它们的显色性差别很大。这种局限性在选用高强度气体放电光源时尤为明显，具体包括汞蒸气灯、金卤灯及高压钠灯。

（二）显色性

为了弥补上述缺陷，我们使用"显色性"来表达色彩在特定光源下的表现情况。例如，一条红色的裙子在不同光源下可能显得更深或者更浅，显得更像血红色或者更像橙红色，这都是由光源的光谱分布特性决定的。

最广为接受的评价光源显色能力的方法是一套使用显色指数（CRI）的评价体系。

首先，CRI系统判定出某个光源的绝对和相关色温，然后将这个待测光源和参考光源的显色能力进行比较。如果待测光源的色温是5000K或更低，那么我们选择的参考光源就是同样色温的黑体；如果待测光源的色温高于5000K，参考光源就是同样色温的日光。

这个比较通过 Ra 因子来表达，量程最大值为100，表示的是待测光源的显色能力同参考光源之间的匹配程度，由于 CRI 在不同色温下的参考光源不同，所以不同光源之间的 CRI 显色指数只有当它们拥有相近的光谱能量分布（SPD）组成时才能相互比较。即只有两个色温相近的光源之间比较显色性才有意义——色温的差值为100~300K。

比如，一个3000K的 RE-70 荧光灯管和一个6500K的"仿日光"荧光灯管对物体颜色的表现是不同的，即使二者的 CRI 都是75。原因是3000K光源的 CRI 是同黑体比较得出的，而6500K光源的 CRI 是同实际的日光比较得出的。

Ra 是对八种测试颜色的显色能力评价的平均值，在某些波段表现很好的光源会因为在其他波段表现差而被拉低数值。因此，即使两个光源色温一样、CRI 一样，它们的光谱分布还是可能不同，且对不同颜色的材质表现也会不同。

光源的颜色属性对于人的面部表现举足轻重。白炽灯和卤铝灯光源的红色波长丰富，照射下的人脸面色更红润、健康。冷色调的荧光灯及 HID 光源会突出黄色及蓝色波段，让人脸显得苍白暗淡。

光源中包含的波长谱线越多，能够表达出来的信息就越丰富，让大脑更好地解读周边的环境。人脑能够接受的室内环境的显色性最低值 CRI 被认为是82。

（三）主观印象

光的颜色对于环境给人的主观印象有很大影响。Amenity 曲线表明，越是暖色温，对照度的要求越低（图4-1-9）。从图中还可以看出，对大多数人来说，一个照度值为200lx的房间，无论是用2000K的煤油灯还是5000K的日光，都让人感觉不舒服。

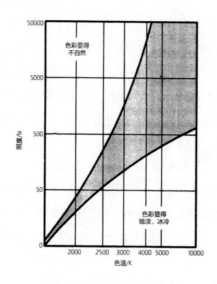

图 4-1-9　Amenity 曲线

对于暖色调的煤油灯来说，照度有些偏高，整个空间显得太亮了，而对于日光来说，同样量的光又显得偏暗。这种情况下暖色调的荧光灯（2700K 或 3000K）和标准白炽灯/卤钨灯（2600~3100K）处于图中的舒适区。

此外，暖色调让人感觉友好、放松；冷色调显得高效、整洁。弗林曾经评估过中等照度下不同色温的人工光源在室内环境中给人的主观感受。

弗林的受测对象们将他们对于暖色调空间和冷色调空间的印象总结如下：冷色调（4100K）让人感觉空间干净通透；暖色调（3000K）更让人感觉愉悦，特别是当人想要放松的时候。

弗林发现散射光照明加上暖色调（橙色—红色）能够加强人的紧张感和焦虑感。散射光照明加上冷色调（紫色—蓝色）让人感觉到心情沉重；照度更低时，甚至能让人感到抑郁。

他还发现，聚光照明加上饱和暖色调（橙色—红色）会加强轻松、欢快的感觉；如果光束及颜色更杂乱些的话效果更明显。聚光照明加上饱和冷色调（紫色—蓝色）会有一种迷人的吸引力，特别是光束和颜色按一定节奏、韵律变化的时候。

三、亮度分布

明度，是指观察者意识中对于明亮程度的主观感受；而亮度是一个客观物理量，是指单位面积上的发光强度。

（一）光的方向和分布

灯具发出的光线通常有三种发射方向，即上射光、下射光和漫射光（各个方向）；而光的分布分为两种，即集中型和散射型（图4-1-10）。

图4-1-10　光的七种方向与分布

一个合理设计的下射光灯具通常有严格的出光角度控制。这种严格的控制加上人眼睑的特殊形状共同避免了直接眩光。上射光灯具通常能照亮天花的一大块面积，从天花板反射下来的光亮度较低，因此不容易引起不舒适眩光。漫射光灯具朝各个方向出光，不过为了避免引起不舒适眩光，通常不会在侧面发很多光。

无论是上射光还是下射光灯具，其出光光型都可以有从窄到宽的不同角度。集中型配光将光集中于较窄的光束；而散射型配光则将光分散于很宽的角度范围内。

窄光束角的灯具如果没有包含向上出射的成分，那就是一个集中型下射光（有时也叫作直接照明）（图4-1-11）。当这样的灯具安装在低天花上时，它们集中的下照光束——通常光束角在30°或更小——会在地板上形成高亮光斑，而光斑之间是一块块暗区。为避免这种照度不均的情况，灯具需要安装得特别近。因此，正确的方法是在低天花空间采用散射型的下射光灯具。

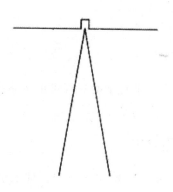

图 4-1-11　集中型下射光

当集中型灯具安装在高天花空间时，光束间彼此重叠，从而避免了上述亮暗交替的状况，但是只有水平面和物体的顶部得以照亮，人的面部和墙壁得到的光照较少，看起来像是在阴影中。这种手法会产生高对比度的空间，也就是环境亮度偏低而重点区域亮度很高（图 4-1-12）。

图 4-1-12　集中型下射光案例

具有散射型光束和下照配光的灯具就会发出散射型下射（直接）光（图 4-1-13）。散射型下射光束——光束角通常为 80°～120°——是更为实用的配光形式，能满足多种用途。绝大多数设计出色的筒灯，如果光束角是 100°，那么其大部分出射光都集中在水平方向截光角 40° 方向范围内。这些灯具在高角度范围内的出光比例更大，让更多光线投射到垂直立面和模特面部上，降低空间中的亮度对比度。散射型下射灯具能创造一个低对比度的环境（图4-1-14）。

图4-1-13　散射型下射光　　　　图4-1-14　散射型下射光应用案例

集中型上射光（间接光）是将光射向天花方向（图4-1-15）。当光线向上照射且没有下射光成分时，天花的视觉效果最为显著，同时天花也由于反射光线而成为二次光源。

当集中型上射光灯具安装在离被照物很近的地方时，集中的上射光束会形成一小块高亮的光斑。这种不均匀的集中型上射配光可以抵消由集中型下射光灯具带来的高对比度，并能通过不同亮度分布来增强视觉兴趣点（图4-1-16）。

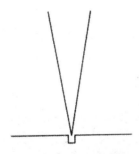

图4-1-15　集中型上射光　　　　图4-1-16　集中型上射光应用案例

如果该种光束是低天花空间中的主要光源，这些天花上高亮度的"光斑"会带来不舒适的感受并引起眩光。当这类灯具远离被照面时，集中型上射光则可以带来均匀的亮度分布：每个光束可以覆盖较大范围并重叠起来。对于天花较高的空间，集中型上射光束有足够的距离扩散，天花因此被均匀照亮，减少了亮度和眩光（图4-1-17）。

图 4-1-17　将集中型上射光源安装在离被照面较远处的应用案例

散射型上射光（间接光）将光线导向天花和上侧墙壁（图4-1-18）。这种手法经常用来营造均匀的天花亮度分布，防止特定的高光墙壁材质（如抛光大理石）掠射引起眩光，并且可以强调天花平面上或者天花附近的结构形式或装饰细节。

由于天花上每一点都会将光反射至所有方向，散射型上射光营造了一个平面、低对比度的空间：反射光降低了对比度和阴影；物体表面及人的面部会形成一种均匀分布，就像阴天一样的光照（图4-1-19）。

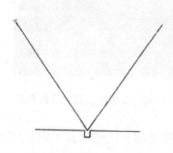

图 4-1-18　散射型上射光

图 4-1-19　散射型上射光应用案例

漫射型扩散光是由灯具同时发射向上与向下的光形成的（图4-1-20）。这种类型的灯具同时在多个方向发射光线射向天花、墙面和地板。天花的反射光及空间各个表面的相互反射与直接下射光中和，从而减少阴影，降低对比度，创造均匀、高亮度的室内空间（图4-1-21）。

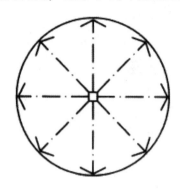

图4-1-20　漫射型扩散光　　　图4-1-21　漫射型扩散光应用案例

　　若灯具既有直接光又有间接光，但没有侧向出光，则将其称为直接/间接灯具（图4-1-22）。这种灯具既可以高效地为工作面提供足够的照度，同时通过天花反射下来的光弱化了空间的对比度（图4-1-23）。

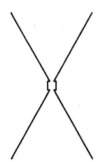

图4-1-22　直接/间接光分布　　　图4-1-23　直接/间接光分布应用案例

　　漫射型配光同时是集中型光束时，称为漫射型集中式配光（图4-1-24）。如果灯具60%～90%的光通量是向下照射的，又可称为半直接照明灯具；如果60%～90%光通量向上照射，则称为半间接照明灯具。

　　如果上下出光灯具的上下光束都是集中型配光，得到的会是对比度更高、明暗更不均匀的空间环境。上射光成分原本是可以降低空间对比度的，然而，天花和墙面不均匀的反射光不足以抵消原本所有的阴影和对比，结果是加剧了原有的对比度（图4-1-25）。

图 4-1-24　漫射型集中式配光　　　图 4-1-25　漫射型集中式配光应用案例

　　墙面照明有时候可以作为天花间接照明的替代物：它照亮了阴影并削弱强烈对比。当墙面面积占据房间主要比例的空间时，这种手法尤为有效。另一种替代方式是采用筒灯直接照明结合浅色地板：地板会将光反射回天花，就如同间接照明一样。当然，采用这种手法的前提是地板需要保持干净。

　　理想的照明布置通常是直接照明与间接照明的结合，直接照明的作用犹如太阳直射光，创造了阴影和造型；而间接照明则柔化阴影，就像明朗的天空或者是摄影师的辅助光。直接/间接照明可以由分开的下照和上照装置实现，也可以是一个照明器具同时提供下照光与上照光。

（二）表面处理及反射率

　　决定物体明亮程度的并不是射向一个表面的光有多少，而是从这个表面反射出来进入人眼的光有多少。明度取决于射向某个表面的光的初始强度及该表面的反射或透射特性。

　　无论强度高低，灯具发出的光或者互相反射的光会射向房间中的所有表面。这些表面的相对面积和表面上反射的光强决定了房间的整体视觉效果。

　　反射光通常是漫射多方向的，并在房间表面和物体上多次相互反射。这些相互反射照亮了阴影部分，从而减少对比，创造了更加均匀的亮度效果。

　　整体的亮度取决于这些被反射的光的分布，也就是说，取决于空间表面的反射特性。深色且低反射率的表面会吸收大部分入射的光线，只反射一小部分被人眼感知，因而无论照度多高，这种空间给人以灰暗并且高对比度的感受。

　　浅色且高反射率的表面则能反射大部分光线，创造更高亮度和更大的漫射效果。这里的相互反射的光与入射光的分布状态无关，无论是集中式的或者漫射式的入射光束，它们引起相互反射的光是一样的。

　　墙壁表面材料的选择会增大或减少灯具出光的光分布。反射光的影响也必须考虑在内，真正了解照明设备与空间表面的关系对照明设计成功与否至关重要。

　　任何能够反射或者透射光线的物体或表面称为二次光源。月亮就是一个例子，它本身并不发光，我们能够看到月亮是因为它的表面反射了太阳的光线。

　　类似地，一面被照亮的墙壁或者天花变成了二次光源，可以照亮整个空间。空间的照明情况更多地取决于该发光表面反射出来的光，而不主要依赖灯具出射的初始光线的分布状况。

四、采光与其他因素的关系

　　光是室内设计师的基本工具，影响着人们在空间内物体的色相、色温、形状、形式、表面肌理和体积的观察和感知能力。

（一）视觉

　　光的感知是由眼睛的生理特征、大脑和视神经脉冲控制的。入射光进入角膜（眼睛前方的透明覆盖物），并穿过瞳孔，即眼睛的中心点。通过瞳孔吸收的光量由一组称为虹膜的肌肉控制，当遇到强光时，虹膜会变窄，光线不足时，虹膜会变宽。

　　光线持续照射到晶状体上，晶状体会改变其弯曲度来聚焦光线，从而在视网膜上形成图像。视网膜包含两种类型的细胞，称为视杆细胞和视锥细胞。在昏暗的光线下，视杆细胞对亮度有反应，但对颜色没有反应。视锥细胞在更明亮的光线下工作，使我们能够感知色彩。

视杆细胞和视锥细胞将视觉信息通过视神经传递到大脑，大脑将信息理解为视觉。在这个复杂的网络中，任何干扰都会影响光或颜色的感知，或两者兼有。

正常条件下，眼睛在不同距离（近视和远视）下聚焦的能力称为调节能力。适应是指眼睛适应光线明亮度变化的正常过程。超出眼睛自然适应的亮度称为眩光，眩光可以通过光照的角度直接产生，或者通过反射表面反射的光间接产生，后者称为光幕反射。选择合理的光源位置以避免眩光是室内设计师最关心的问题。例如，在工作环境中，不合理的灯光设置会严重影响使用计算机的员工的工作。

（二）色彩

白光通常等同于日光。然而，日光随季节、环境或天气的变化而变化。在不同的时间或多云的日子里，波长并不总是均衡的，这就产生了微弱的色彩。重要的是要认识到色彩可能受到自然光位置或方向的影响。例如，北极的光通常较冷，或偏蓝；而南方的光较暖，或偏黄。

当电光与日光等值时，电光是最白的。因此，当说到白光或全光谱光线时，我们会假设光照条件尽可能接近晴天的正午时分。同色异谱描述了色彩在不同光照条件下显色不同的现象。眼睛能够适应不同的光照条件而纠正差异，使红色仍被视为红色，绿色仍被视为绿色等，这种现象称为色彩恒常性。

我们可以留意不同光源的不同功能，以便在自己的环境中根据不同的条件准确地着色。尽管显色能力有所提高，但某些类别的照明光源仍优于其他类别。国际上有一套比较系统可以对光源的显色情况进行排序，叫作显色指数（CRI），0 为最低等级；100 为最高等级。这套标准等级系统适用于各种类型的灯具、款式和制造商。这个工具对于室内设计师来说非常宝贵。目前 LED 灯的显色指数并不准确，因此，人们正在研发其他用于比较显色信息的系统。

室内设计过程中的一个重要步骤就是评估饰面和织物在计划照明条件下的颜色。光对肤色的影响是另一个重要考虑因素。人们肤色的差异可通过蓝色（冷色）或黄色（暖色）底色进一步区分。暖色调肤色的人在白炽灯（或自然）光源下看起来气色更好，而冷调的荧光灯和高强度气体放电灯可能使皮肤看起来发灰或暗沉。高档服装零售店或化妆品商店需要可调节的照明条件，以适应不同的皮肤类型。

（三）温度

描述光的外观的一种方法是通过其表观温度（温暖或凉爽，通常称为色度）及与其相关的颜色对其进行分类。色温用开尔文标度来标记，该标度以发现色温的科学家命名。开氏温标是一种表示光的冷暖程度的简写方式，换句话说，是红色光与蓝色光的比率。开氏温标值越低，色温越暖；开氏温标值越高，色温越冷。灯具的生产规格可以用绝对温度值标记。

（四）形式

光在击中物体或到达物体表面之前是没有形状的。投影距离用于描述照明投射的距离和强度。投影距离变大，光的投射面（或传播）也会扩大，导致光的强度降低。有两种基本方法对照明方向进行分类。漫反射照明（如荧光）并不会照亮任何特定物体，而是为空间提供整体均匀的照明。相比之下，定向照明沿单一方向传播，照亮特定物体和表面。

如前所述，光束的传播是光线定向发射时的路径。灯具生产厂商通常会使用这个术语，对于设计人员在选择展示或重点照明时尤其有用。光束的传播可以用不同形状的三角形图示来说明。一般来说，小于 25 度的光束扩散角是一个光照点，而超过 25 度的光扩散称为泛光。

除了光束扩散以外，光线还有其他特征。光线可描述为直接光线或间接光线和向上光线或向下光线。传播的形式取决于固定装置的设计、位置和方向。首先照射到主要目标的光是直接光线。光线在照射到主要目标前，先照射到次要对象，那么它就是间接光线。直接光和间接光都可以通过向上或向下的路径产生，因此称为"向上照明"和"向下照明"。逆光从后面照亮物体时，会产生轮廓；背景被照亮时，物体就会变黑。这种技术通常用于重点照明。

（五）表面

室内设计师要理解的一个重要概念就是光的吸收或反射方式有所不

同，这取决于其所照射的表面。想象一下，光线从漆成哑光黑色的天花板上反射的效果，以及同样数量和类型的光线从有光泽的白色天花板上反射的效果。如果不用任何科学计算法，只依靠个人观察经验，我们知道在前一种情况下，只有少量的光会反射到空间中，而在后一种情况下，会有大量的反射光照亮空间。

这一原理不仅对墙壁和天花板饰面的选择十分重要，而且还影响着整个空间内材料的选择。光滑和金属质感的肌理会反射其表面的光线，而暗淡粗糙的肌理则会将光线吸收到其毛孔或缝隙中去。

另一个设计工具是一种名为"光反射值"（LRV）的测量方法。光反射值的测量范围为 0~100%。0 表示没有光被反射；100% 表示光全部被反射。举例来说，水泥通常反射 25% 的光，而砖块通常只反射 13% 的光。涂料生产商根据美联彩条形色卡的样品、比色图表或公司代表的要求提供的光反射值信息。一般来说，天花板和墙壁有较高的光反射值；地板的光反射值较低。但是，这也可能根据空间的具体用途而有所不同。例如，如果设计师想要打造非常亮的照明条件，而又不过度消耗电灯的能量，那么聪明的做法是，核查空间内所有主要表面的光反射值水平，尤其是在选择墙壁和天花板的饰面时。

光与表面之间的另一个重要关系涉及平面的照明方式。建筑特征和表面，特别是墙壁，可以通过照明技术来改变。照亮墙壁表面有洗墙照明、擦墙照明和扇形照明三种基本方法。

洗墙指的是灯光平滑地分布，像水一样洗过垂直表面或平面（通常是整个墙壁），减少了表面的肌理感。要达到这种效果，固定装置的布局和间距需根据墙壁尺寸（高度和长度）进行计算。大多数灯具制造商都会给出适合洗墙效果的固定装置的推荐间距。

如果墙壁的肌理需要更亮的照明条件加以强调，则采用擦墙照明。一般来说，照明装置之间的间隔越近，光线与表面之间的夹角就越小。要制造擦墙照明效果，天花板上的灯具需距离墙面大约 12 英寸。

扇形照明是一种特殊类型的擦墙照明方式，通过计算灯具间距，从而产生像扇贝一样的投射面。这种墙壁照明技术本质上是一种重点照明方式。

（六）容积

空间所需的光量取决于空间的容积和功能，且必须根据居住者的特征来确定。

比如，一个大学生正在宿舍或学校图书馆读书，这两个空间所需的照明水平是相同的。然而，房间的容积（有时称为空腔）对所需照明方式的选择有着至关重要的影响。不仅仅要考虑空间的长度和宽度，还要考虑空间的高度。也就是说，计算空间容积的正确方法是看其立体空间（即长度乘以宽度，再乘以高度），而不是建筑面积。因此，大学图书馆（大容积）的照明解决方案可能与宿舍（小容积）的照明解决方案差别很大。

亮度测量是个复杂的过程。基本上，我们用测光计来测量投射到表面的光的现有亮度，单位是英尺烛光（fc）。公制的等价度量称为勒克斯（lux），1 英尺烛光等于 10 勒克斯。可以用计算机软件程序进行辅助计算。专业照明协会，如北美照明工程学会（IESNA）出版了亮度等级推荐指南，如阅读所需的亮度等级。为了说明不同活动所需的英尺烛光的范围，该指南指出在剧院观看电影只需 1 英尺烛光的亮度，一般办公室工作需要 30 英尺烛光到 100 英尺烛光的亮度，而进行手术则需要 2000 英尺烛光的亮度。

（七）能源

空间照明导致大量的能源消耗。美国国会 1992 年通过的《美国能源政策法案》（EPAct1992）和 2005 年通过的《美国能源政策法案》（EPAct 2005）对灯具的标识和能效提出了要求。如今，人们越来越关注节能照明解决方案。美国环境保护署（EPA）已明确指出，照明消耗了建筑物内大约 23% 的电力。此外，20% 的空调用电是为了消耗电灯产生的热量。每个灯具产品都是有灯泡寿命的，灯泡寿命表示灯泡的平均额定寿命（即预期熄灭时间）。

效能是根据光源能量对其进行排序的标准。卤素灯比标准白炽灯效能高，因其释放的热量更少，发光消耗的能量也更少。通常白炽灯照明只需要消耗 10%～15% 的能量，85%～90% 的能量产生热量。流明是用于测量光量的国际单位，有时也称为光通量。一个标准的 20W 荧光灯产生 1200 流明，一个 75W 的标准灯产生 1190 流明。两盏灯产生的光量几乎相同，但荧光灯使用的能量是白炽灯的 25%。灯具的相对效能是以每瓦流明（LPW）来计算的。效能是绿色设计中的一个重要考虑因素，可持续设计对灯具的要求是节能高效、光输出优良、使用寿命长、流明维护高、显色度高、颜色稳定、汞含量低且废弃处理方式灵活。

（八）人的因素

越来越多的研究表明，日光和人造光的数量和质量都可能严重影响我们的健康、安全和幸福。如前几章所述，设计决策不仅基于美学选择，还基于更深层次的人类经验。设计师可以创造一种空间气氛或氛围，提供特定的感官体验，就像晚餐时的浪漫插曲一样。然而，潜在的更持久的反应，无论是积极的还是消极的，可能会受到光和我们对这些灯具的体验之间交互关系的影响。光生物学对这种相互作用进行了研究。光疗是对这一知识的应用，以增强心理和生理治疗的效果。

光可以制造对比度。高对比度会促使大多数人进行高强度的活动；相反，人们更容易久坐不动。有些地方，如在教室中，可能需要进行高强度的活动；然而，在其他情况下，同样高的对比度不但起不到任何积极作用，反而会导致过度刺激或分心。反之亦然，如房间里灯光太暗，人会变得昏昏欲睡而不是平和冷静。

季节性情感障碍（SAD）是一种心理疾病。秋冬两季白昼变短，光照变少会导致抑郁症的发生，并往往伴有失眠症状。个人因工作或生活环境的关系无法充分暴露在阳光下，也可能引起这种疾病。季节变化或阳光减少时，季节性情感障碍比平常所说的"情绪低落"更严重。通常使用全光谱照明等各种疗法来缓解这种症状。

照明在医疗保健中的作用一直是循证设计的焦点。简单说，"改变照明方式，改善你的健康"。光线疗法已能够完全调节睡眠——醒觉模式的生物钟，即昼夜节律。由于季节性情感障碍、短暂的时差反应，或严重疾病（如阿尔茨海默病和其他形式的痴呆症），或在住院治疗长期接收机构照顾期间，可能会出现昼夜节律失衡。在受控条件下进行的大量研究表明，通过使用更接近自然光的人工照明（即全光谱照明，白光或蓝白光），可改善相关行为和健康状况。

医疗卫生机构的照明解决方案非常复杂，因为患者和工作人员的需求各不相同。因此，不同类型空间的理想照明条件也会有所不同，如外科手术室与候诊区。除照明的方向和光量外，色彩还原也起着重要作用。病人需要光线使肤色看起来健康；医生则需要准确的照明来评估患者的健康状况。

第二节 照明设计在室内设计中的作用

一、光照对健康的影响

（一）光生物学和非视觉效应

除了可以接收外界信息提供给大脑形成视觉画面外，视网膜内还有丰富的其他感受细胞，用来探测会引起生理反应的光辐射，特别是那些影响人体生理周期的光辐射：在光线照射下，人体会调节体内的生物钟，保持和当地时间同步。

由于人体的生物钟和周围环境同步对于人体正常工作非常重要，照明设计师们需要了解光辐射的生理学效应及对人行为的影响。这些都称为光的非视觉效应，具体包括：褪黑素的分泌；体温调节；皮质醇分泌；心率调节；反应灵敏度；认知能力；心理运动效能；脑血流；脑电波（EEG）反应；生物钟影响因子；生理周期调节。

以上这些非视觉效应要求我们在设计时考虑光对内分泌系统、睡眠周期及情绪的影响。

1. 昼夜节律的调节

人眼球后部的视神经分成两组：其中一组直接进入大脑的视觉中枢，在那里从锥状细胞和杆状细胞传来的信号会被解读成环境的光信息；另一组则和眼球的非视觉功能区相连，这一组视神经通路叫作视网膜下丘脑束（RHT），RHT 的源头是视网膜里面一种最近刚刚被发现的视觉感受细胞

——自助感光神经节细胞（ipRGCs），与锥状细胞和杆状细胞相反，这些细胞位于视网膜的最外一层神经节细胞上。

RHT 主要负责将 ipRGCs 上接收到的神经信号传导到下丘脑视交叉上核（SCN），而后者主要负责调节人体的昼夜节律。人眼的这个功能让人们能够维持每天睡眠—起床的循环规律，即使在别的国家旅行时也能重新调节适应当地的时间。

视网膜感受到的光信息送到 SCN，SCN 再传导到松果体，随后松果体再调节褪黑激素的分泌。也就是说，昼夜光线的变化导致了人体昼夜节律的调节和褪黑激素的分泌变化。对于哺乳动物来说，在夜间褪黑激素分泌会升高；而到了白天，在充足的光线照射下，褪黑激素的分泌会被抑制。

褪黑激素除了能够促进睡眠，还负责调节人体很多生理活动。在现代社会，即使在晚间我们的眼睛也暴露在大量的灯光下，这不仅会影响睡眠，还可能导致很多疾病。

2. 褪黑激素抑制

光对人体的生理及行为有很强的刺激作用，不仅能调节人的昼夜节律和内分泌循环，也会打乱这些节律引起疾病。过多照射灯光引起的昼夜节律紊乱会显著提高患乳腺癌的风险。任何形式的光都会抑制褪黑激素，最近的实验研究表明，电子产品及电气照明发出的短波段（蓝色）光的影响尤为明显。

人类使用电气照明已经超过 130 年了，传统光源像是白炽灯和卤铭灯发出的光主要包含长波段（红色）光。问题是现代新型的高效光源发出的光谱中短波成分越来越高，相比于白炽灯和卤铭灯，其会导致褪黑素的分泌量下降 40%，让人们即使在关灯后仍然长时间感到清醒而难以入睡。

此外，能导致褪黑素下降的光的量值要比人们主观印象中的低得多：普通的室内灯光会抑制大脑里的褪黑素，抑制时间能够持续 90 分钟左右。

因此，晚间开灯开得太晚会引发很多健康问题，不仅仅是缺少睡眠。蓝光的抑制效应对于夜班工人来说更为明显，因为他们接触自然光很少。2007 年，世界卫生组织宣布长期上夜班也会致癌，该组织说："打乱生物钟可能会影响睡眠规律，抑制褪黑激素分泌，甚至会促进癌细胞生长"。

尽管经常熬夜的人群比例只有 20%，但人们在人工灯光下活动的时间还是越来越长了。根据美国疾控中心的报告，这已经导致睡眠障碍的人数达到历史峰值，伴随着从心脏病到肥胖症的多种健康问题高发。

（二）眼睛老化

随着视觉系统老化，其结构和功能会发生多种变化，包括聚焦能力下降，晶状体浑浊、发黄，以及瞳孔最大尺寸缩小。

人眼的晶状体会随着年龄增长而慢慢变黄，减少进入视网膜的短波色光的量。此外人眼内的化学成分变化会导致晶状体逐渐浑浊（学名叫"白内障"），使得视力下降；瞳孔最大尺寸会缩小，导致进入人眼的光线明显降低。

视觉系统中的视神经也会衰减，导致老年人视觉敏锐度下降、对比分辨度下降、颜色分辨力下降，对于过亮、过暗环境的适应时间变长。此外老年人对于眩光更为敏感。

对于同样的视觉任务，60 岁的人需要的照度接近 20 岁年轻人的 3 倍，而 80 岁老年人接近 4 倍。眩光也是个大问题，对很多老年人来说，眩光不仅会导致情绪问题，还会引起生理上的不适和痛苦。

对于照明设计来说，针对老年人的灯光环境特别要注意提高工作面的照度、减少眩光。

（三）光线疗法

季节性情感紊乱（SAD），也叫作季节性抑郁、冬季忧郁症，是一种人们在特定季节内会感到情绪抑郁的心理疾病。这种问题在高纬度区域发病率更高（比如说美国东北部几个州及北极圈地区，如斯堪的纳维亚半岛）。

患有 SAD 的人群接近全世界人口的 10%。在美国，大约有 1100 万人受到 SAD 的困扰，还有高达 2500 万人患有亚季节性情感紊乱（SSAD）。

光线疗法已经用来治疗 SAD 接近 30 年了。光线疗法能够促进褪黑激素的分泌，帮助昼夜节律调节，建立规律睡眠，具体光线剂量因人而异。

最适合用作光线疗法的是自然太阳光，在没有阳光的情况下会选择能够模拟日光的灯箱。病人要求面对灯箱，但不能直接看向光源。光线疗法除了可以治疗 SAD，也可以用来治疗抑郁、睡眠紊乱、月经周期紊乱、饮食紊乱，还可以调节时差，帮助夜班工人恢复生物钟等。

二、光照对心理的影响

（一）情感冲击

一个空间给人的主观印象与空间内的亮度对比密切相关：空间内被照亮的表面成为视觉焦点，也就是所谓的"前景"；而相对较暗的表面则不太引人注意，成为所谓的"背景"。当然，我们可以简单地给一个房间提供均匀统一的普通照明，保证视觉任务。但对设计师来说，真正有挑战性的工作是通过对空间内不同表面亮度的操控建立情感上的冲击力。

如果仅仅按照工作面照度的成文标准来做设计，结果就是毫无生气、非常死板的空间。正确合理地设计亮度对比才能创造出令人振奋、富有吸引力的空间环境，同时还能提高工作效率。

如果房间里所有的物体和表面都得到相同强度的光照、缺乏明暗对比，长时间会使里面的人感到烦躁和抑郁。这种环境就好像阴沉的天空一样。

相比较而言，人们在阳光灿烂的天气下更为兴奋，而这种天气的特点正是强光和阴影之间形成强烈对比。照明设计师也应当模拟出这样的光环境。

（二）刺激程度

有些活动需要高对比度的照明，以提供兴奋点，让人保持清醒；另外一些活动则需要相对少一点的对比，让人感到平和与放松。尽管每个人对环境的反应不同，但大部分人对光照的需求是有规律可循的。

环境心理学家用"高负荷"和"低负荷"这两个概念来描述刺激的程度。一个人所感受到的刺激越强，我们就说负荷越高。复杂、吵闹、不对称、不熟悉、杂乱的环境属于高负荷；简单、安静、对称、熟悉、有序的环境属于低负荷。

当人在从事复杂工作时——如学习技术或准备第二天的考试或是写论文——任务本身造成的精神负荷已经够大了，因此希望尽量减少环境里的刺激，避免分心和干扰。对于简单、常规的任务来说——如记账、列购物清单——环境里少量的刺激是有益的，否则人会感到倦怠。因此，我们在办公室或是书房里做这些事情时很容易犯困，正确的地方应该是在厨房、餐厅或是客厅里，那里的环境刺激程度更高。

　　任务本身的负荷越低，需要环境提供的精神负荷就越高。无聊的工作之所以令人无聊就因为它们缺少刺激（简单或者过于熟悉），令人厌烦。一般来说，工作提供的刺激越多，工作的愉悦性就越高。对很多人来说，家务活是很单调乏味的，因此需要放点背景音乐提高愉悦性。

（三）亮度对比程度

　　环境中的亮度对比对人情绪的影响和背景音乐很相似，它会影响工作效率，改变人的行为，同时也会影响我们的心情。可以说亮度的对比程度决定了整个光环境的好坏。

　　想要为某个空间设计出合适的光环境，首先需要确定空间内的活动类型，然后再判断什么程度的刺激能对这种活动起到正面作用，最后才是设计出合适的亮度对比以提供必要的刺激。

　　亮度的对比是通过不同形式的光影组合来实现的——选择空间中合适的物体和表面来重点打亮，剩下的地方相对较暗，这种重点照明能够突出前景和背景之间的关系（图4-2-1）。

图4-2-1　不同的光影组合确立了亮度对比

1. 低对比度环境

如果所有的东西都被均匀照亮，那么前景和背景就没有任何主次关系，这就是所谓"低对比度"环境。低对比度环境给人的刺激性比较低，这样的空间比较中性化。

多使用漫射光，结合少量聚焦光就能创造出低对比度环境。低对比度照明的目的是创造一个利于视觉任务的环境，在这种光照下人员可以随便走动，甚至可以随意移动工作面的位置。漫射光照明让整个工作环境被均匀照亮，适合处理难度大、耗时长的视觉任务。

低对比度照明的常用手法是在空间顶部设置漫射灯，将下方空间均匀打亮，创造一个几乎无影的环境。这种光照下物体的外形轮廓不清晰、材质特征的表现力也很差。尽管这种漫射光照明能满足视觉任务的需要，但却让人感到心情压抑。

2. 高对比度环境

少量的漫射光加上大比例的聚焦光就能形成高对比度环境。高对比度照明形成强烈的光斑和阴影模块，有意地突出前景和背景之间的主次关系。高对比度空间给人的刺激性较强，能够提升人的情绪和情感。

强烈的亮度对比能够吸引人的注意力，运用这种手法的一个极端例子就是舞台上的聚光灯。采用这种手法进行照明的房间能紧紧抓住人们的视线，让其焦点集中在重点打亮的地方，从而引导人们的视线。

人的注意力总是不自觉地被吸引到亮度明显高于周围背景的区域上。当人走进一个陌生空间时，室内的亮度对比和颜色对比决定了他（她）的第一印象，所以高对比度的照明对于引导人流有重要作用。

在高对比度环境下，光斑分布可以用来影响我们对于活动、环境及情绪的印象。或者说是，光斑分布可以用来影响我们的自我定位和对于空间表面及物体的理解。

比如，展示照明和重点照明会抓住人们的注意力；墙面照明和上投光照明会突出空间感和建筑轮廓。这些不同的手法会影响人们对空间的理解。

第三节 室内照明设计的艺术处理手法

一、光色的处理

再次强调，光没有颜色，物体没有颜色，颜色只是存在于人眼睛和大脑组成的视觉系统中。

光源的光谱分布和需要照射的室内元素（如织物、墙面等）的光谱反射率之间的对应关系非常重要。有些物体尽管本身光谱成分不同，但是在特定光源照射下会显示出一样的颜色。如果光源换掉了，那物体间的颜色差异就会明显起来。

所以我们建议在挑选、匹配材质时，尽量选择在和今后实际效果一致的真实照明环境下去操作。如果照明系统还没有确定，那至少要用两种不同光谱特性的光源来对样品进行检验：其中一套光源主要以短波辐射为主，如日光灯管；外一个主要是长波辐射，如白炽灯或卤钨灯。

（一）白炽灯和卤钨灯

白炽灯和卤钨灯发出的光谱是一条平滑连续的曲线，从近紫外波段的少量深蓝色辐射开始，慢慢过渡到深红区域。白炽灯本身的光色是暖色调的，绝大部分辐射能量集中在红色和黄色区域。尽管这种"白色"光源缺少短波长和中波长的谱线，照射蓝色及绿色物体显得灰暗，但是能让暖色调物体及人的面孔显得更加生动。

白炽灯和卤钨灯相比其他光源有一个优势，就是显色性好，这并不是因为他们能将颜色表现得更自然，而是因为超过一个世纪的应用让它们成为标准。白炽灯及卤钨灯在发光时会发出大量的热，这和人们过去几千年里用的光源很相似：无论是太阳、火把、蜡烛、油灯还是煤气灯都如此，以上这些都发出暖色调的光，并且都是点光源。

通俗点说，显色性好就是熟悉的物体会表现出人们熟悉的颜色：人们所熟悉的事物的颜色就是它们在最常见的光源下所呈现的颜色，也就是日光或者白炽灯和卤铝灯。

卤铝光源（3000K）与标准白炽灯相比短波长辐射更多，长波辐射更少，因此相比于略微泛黄的标准白炽灯（2700K）会显得更白一点。所有白炽灯和卤钨灯的 CRI 都是 100。

（二）荧光灯

荧光灯的光谱是不连续谱线：能量分布在某些特定波长有几个峰值。荧光灯管壁内侧涂抹的荧光粉的成分不同，灯管发出的光色就不同。目前荧光灯管主要有三种常见色温：（1）暖白色（3000K），主要匹配白炽灯/卤钨灯；（2）冷白色（4100K），用来模拟日光；（3）中间色 3500K，用来匹配前两者。

荧光灯根据光效及显色性又可以分为三大类：（1）标准型；（2）高显色型（deluxe）；（3）稀土型，标准荧光灯——无论冷白还是暖白——都是高光效、低显色性。暖白色荧光灯 CRI 为 51；冷白荧光灯的 CRI 大约为 60。

高显色型荧光灯的显色性有改善，同时牺牲了大约 25% 的光效。当然这种光损失很多时候是觉察不出来的，因为更加生动精准的颜色能够加强对比，使视觉效果更好。高显色型荧光灯（暖白、冷白及日光色温都有）的 CRI 可以达 84~89。

要想既有高显色又有高光效，那就需要稀土型（RE）荧光灯。市面上有三种稀土型荧光灯：（1）三基色荧光粉 RE-70；（2）三基色荧光粉 RE-80；（3）四基色荧光粉 RE-90。

三基色荧光粉稀土荧光灯的原理是人眼对于三种基本颜色反应最为敏感——蓝紫色、纯绿色及橙红色。通过调配特殊的三基色荧光粉，让光源包含这三种基本颜色，大脑会自动将剩余的光谱"脑补"出来。这样会极大地刺激人眼的色彩分辨系统，让室内颜色表现更出色。这三种基本颜色对应的波长分别是 450nm、530nm 和 610nm。

RE-70 荧光灯使用传统的荧光粉涂层，以及一层薄薄的窄谱线稀土荧光粉，二者结合让光源的 CRI 达到 70~78；RE-80 荧光灯使用的窄谱线稀土荧光粉比较厚，CRI 可以到 80~86。

四基色荧光粉 RE-90 光源不用窄谱线荧光粉，而是包含四种宽谱线的荧光粉，3000K 色温下 CRI 达到 95，5000K 色温下可达到 98。RE-90 稀土荧光灯是显色指数最高的荧光灯。

（三）高强度气体放电光源（HID）

和荧光灯类似，高强度气体放电光源（HID）产生的也是不连续光谱。不同 HID 光源里选用不同的金属元素，产生的电弧放电带来不同的显色性。

如果在烧烤时把盐撒到火焰上，氯化钠会让火焰呈现黄色，类似地，高压钠灯里的钠元素也发出黄光；如果往火上撒水银——当然很不推荐这样做，这会导致汞中毒——那么汞元素会让火焰发出蓝光，所以高压汞灯是发蓝光的。

高压钠灯主要发出 2100K 的黄色光，几乎会让我们看到的所有物体发生偏色，红色、绿色、蓝色及紫色都无法正常显示。高压钠灯的 CRI 大约为 20。如果继续提升光源里的气压，就得到白光高压钠灯，会发出类似白炽灯的 2700K 的暖白色光，显色性大大提升，CRI 可以达到 85。

低压钠灯发出的所有可见光都集中于 589nm，也就是只有反射这个波长色光的材料能正确显示颜色，其余的颜色都显得灰暗，低压钠灯的 CRI 大约为 4。

汞灯发出一种冷"白"色光，主要是蓝色和绿色谱线。由于缺少暖色调（红）的谱线，所以汞灯的显色性很差，人在这种光源下显得阴森。汞灯对于红色的表现尤其差，别的颜色显示效果稍好，不过蓝色会显得有些发紫。汞灯的 CRI 在 15~20。

在汞灯泡壳的内表面涂上一层荧光粉，能稍微改善汞灯的显色属性，但同时会降低其光效。荧光粉将不可见的紫外线转化为可见光，涂荧光粉的汞灯的 CRI 为 45~50。

金卤灯的结构和基本原理和汞灯相似，只是在其中添加了各种金属卤化物。这些卤化物能够发出汞灯所缺少的波长谱线，大大改善汞灯的光谱分布，使显色性得到提高，只是红色表现还不太好。在泡壳内侧添加荧光粉能让出光更均匀，光色也有改善。不同的金卤灯之间显色性差别很大，同种光源的光色也会稍有差别，并且随着使用时间加长还会发生色漂。绝大多数金卤灯的 CRI 是 65~70。

陶瓷金卤灯将陶瓷电弧管技术和低压钠灯及金卤化学成分相结合。陶瓷电弧管将光源之间的色差减到最低，并且抑制了寿命期内的色漂。由于陶瓷金卤灯能够承受更高的工作温度，显色性也得到改善。陶瓷金卤灯的 CRI 为 81~96，是所有 HID 光源中显色性最好的。

"最好"的光源颜色是不存在的，就好像"真实"的颜色不存在一样。每种光谱分布都会让物体表现出不同的颜色，有些来自自然光源，如太阳光，有些来自电光源，如卤铝灯、白炽灯或是 HID 光源。在不同的应用场景下选择"正确"的光源是综合考虑各种因素的结果，包括方向性、熟悉程度、显色性、光效、眩光控制、维护性及成本等。

二、光亮度的处理

（一）光对物体感知的影响

光的方向与分布不仅能改变人对于某个空间的感知，也会影响我们对空间中的表面和物体的感受。

所有的三维形状都可以视为亮度对比而成的形象，通常都包含了高光区和阴影区。改变了光的方向和分布就会改变这个形象，从而改变观察者对形状和表面的视觉感受。

照明可以改变观察者对材质的感知。当灯具位置靠近某个表面时，可以创造出掠射照明（Grazing Light）效果，它强化了高光和阴影。通过强调自然肌理和浮雕效果，掠射照明强化了视觉深度。掠射照明还能用来检查表面瑕疵或工艺误差（图 4-3-1）。

图 4-3-1 擦墙照明

掠射照明非常适合照明肌理明显的表面，如粗糙的石膏面、砌石和水泥面。照亮光滑石膏墙面或者石膏板则会是灾难性的，因为这些表面并不是十分光滑，一些细微的瑕疵，如泥刀印、胶带钉子的痕迹都会被掠射照明加倍放大。

相反地，使用漫射型洗墙灯光来照射会弱化墙面的瑕疵，进一步加强表面的光滑感。这种照明更适合来照亮石膏面或隔音板天花。洗墙灯在墙面前方照明更能减少或消除阴影和亮度不均，从而达到十分出众的照明效果（图4-3-2）。

图4-3-2　洗墙照明

使用集中型直接照明照亮一个物体会产生戏剧性的光照感受，锐利浓重的阴影强化了戏剧感，但同时也降低了细节的感知。这种照明方式降低了观察和欣赏一个物体的真实情况（图4-3-3）。

另外，散射型的照明方式可以照亮整个物体，减少阴影，有利于观察工艺品和细节，虽然这样的光线比较舒适，但也牺牲了光的戏剧感和视觉兴趣点（图4-3-4）。

图4-3-3　集中型上射光照亮的雕塑　　图4-3-4　散射型下射光照亮的雕塑

　　强烈的高光和阴影效果可以创造一个强对比，强调肌理与形体质感。但对于工作环境而言，则会分散注意力，有时工作表面上的某些阴影较为恼人，如在某个集中型光束下的手或者铅笔的阴影。

　　有些阴影则尤其让人分散注意力，甚至有些危险，如装配线上的阴影。在一段持续的视觉工作中，高度照明对比下，工人的眼睛有较强的集中度，而人眼对明暗变化的重复适应会使工人出现视觉疲劳，容易导致差错或事故。

　　有些时候高光和阴影在工作环境里是理想的，如在晴天光照下的强光和阴影让人舒适，觉得兴奋。在室内环境中精心设计的高光和阴影给予人们视觉舒缓和兴趣。在办公室和工厂中工作的人们可以从走道、洗手间、食堂、休息室或会议室中更强的亮度对比中获益。不过，在大多数的工作表面，散射式的照明最大程度降低了高光和阴影，因而更加舒适。

　　经验与记忆也会影响我们对物体的感知。长久以来，人们认为正午阳光是来自头顶的集中光束，发射角小于45°（几乎是垂直下照），而且天空的光线类似于漫射的多方向的光源。

　　当一个照明设备出射的光线改变了光的方向，这也就改变了通常意义上的高光和阴影的关系。非自然的印象引起神秘或焦虑的感受（图4-3-5、图4-3-6）。

 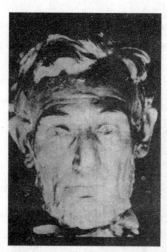

图4-3-5　光从上方照亮的林肯像　　图4-3-6　光从下方照亮的林肯像

在实际应用中，陈列或拍摄的物体通常由双侧光源照亮来降低过重的阴影。一侧的集中型光束就像日光提升物体的戏剧感，另一侧光束则柔化阴影犹如天空的散射光，背景也可以单独照亮，以凸显物体，增加视觉深度。

（二）眩光与闪光的处理

过高的对比度或亮度都会引起不适，这种不舒适的亮光称为眩光。眩光会降低视觉的精确度，极端情况下会让人短暂失明。

眩光通常被误认为是由于"太亮"造成的，事实上，眩光是在人眼正常的视野中，来自错误方向的、无法适应的强烈亮光。对于对面行驶的驾驶员来说，夜间汽车的远光与近光的区别可以很好地显示出眩光其实是由光的方向和强度共同决定的。同时也显示，眩光更容易出现在背景光较弱的场合。

眩光同时也取决于发光面积。某一小块面积的特定亮度发光面是可以忍受的，但是同一亮度值的大面积发光面则可能引发眩光。因此，当某个发光面占据大部分视野时，需要降低亮度值。

发光面布置不当也可能出现眩光。在限度内，人类的睫毛可以抵挡头部上方灯具射出的眩光，但是无法抵挡遮光能力不足的壁装灯具和高亮度的发光墙面的眩光（图4-3-7）。

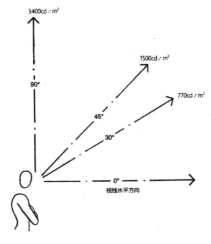

图4-3-7 人眼可接受的亮度值随着靠近视野中心逐级下降

1. 直接眩光

下午的阳光和无遮挡的人工光源是自然环境中容易看到的直接眩光。直接眩光由发光体产生，是指在视线方向存在过亮的光。

通常，一个亮度无控制的裸光源容易产生眩光，因此它们现在很少会直接在建筑中使用（图4-3-8）。

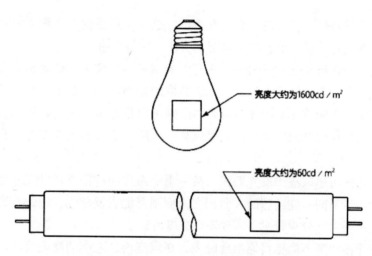

亮度大约为1600cd／m²

亮度大约为60cd／m²

图4-3-8　同等光通量下，不同无遮挡光源的亮度

当直接眩光出现在视野中时，可以通过以下三种方式来控制。

（1）减少直射向观察者的光的总量。一些遮光设备，如遮光板或者是直接使用手来挡住光，可以提升视觉能力，重塑视觉舒适度。

（2）扩大发光面积。一个白色玻璃球或者柔光玻璃板或塑料板都是很好的例子。

（3）改变光束方向。汽车的前灯更改光束方向至视线以下就能提升视觉舒适度。这种方法更加实际有效，因为它使用了精确的控制设备来改变光的方向。反射器和折射透镜是最常见的控光器件来控制光束方向和光分布。

视觉舒适度得益于降低视野范围中的眩光和不舒适亮度。过高的亮度会造成生理上的不舒适并降低人眼看清细节的能力，视觉质量和舒适度有赖于降低不舒适眩光和失能眩光。

2. 视觉舒适率

对于特定数量的人工光照明系统，我们可以使用视觉舒适率（VCP）对视觉舒适度进行评价。VCP 评分的定义如下：在某个办公空间内，坐在最不利位置上仍然认为照明状况是舒适的人数的百分比。VCP 指数主要取决于房间的大小和形状、房间内各表面的反射率，以及灯具的安装位置和配光。

一般建议办公室 VCP 值要在 70 以上；有电脑的办公室建议 VCP 指数在 80 或更高。VCP 在最初测试和验证时使用直接照明的带透镜的荧光灯系统，VCP 也只适用于直接照明系统。

3. 反射眩光

视觉舒适不仅来自直射眩光的控制，同时也需要控制反射眩光。反射眩光是指在视野中从物体或表面上反射出来的极高亮光，包括从室内表面反射和照明器具中反射的眩光。

镜面反射面是指反射特性类似于镜子的表面，反射光是光源或其他被照 面的镜像发出的光。

这些特质使得镜面表面在灯具中用来控制光束起到良好的作用，但是光滑的或者镜面的室内表面，如桌子台面、地板墙面和天花则容易产生反射眩光。漫反射面则可以避免高光，并获得各个角度一致的亮度。

玻璃或者其他透明物体上的反射影像则会形成视觉障碍。夜间大面积的玻璃会成为黑色镜子。如果穿过透明表面看到被照亮的物体的亮度比透明表面反射的图像亮度更高，就营造出一种透明感。

大多数工作表面既有镜面反射也有漫反射。漫反射的多少取决于表面的照度，镜面反射取决于光源亮度，如光源或者灯具的反射图像。反射图像则会在工作表面上形成模糊的图像，从而掩盖了表面细节。

在视觉工作区域，要尽可能减少光滑表面。有玻璃覆盖或者高度光滑的表面的镜面效应很强，受反射光干扰工作表面需要非光滑的哑光表面。

把工作表面想象成镜面反射面有助于更合理地安放光源位置（图4-3-9）。合理的安灯位置可以减少工作面的反射眩光（图4-3-10）。当灯具位于两侧时，灯具的阴影变淡，反射光则远离观察者的眼睛。

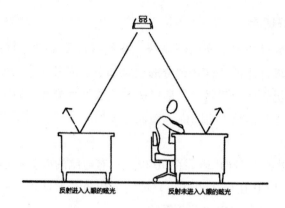

图 4-3-9　合理安放光源位置

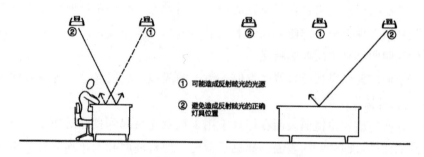

图 4-3-10　减少工作面的反射眩光

4. 闪光

闪光与眩光最大的区别在于视野中亮度的面积和强度。大面积的发光面令人无法忍受，相对较小面积或者更高强度的闪光点和高光则会提升人们的情绪，成为视觉兴趣点。

典型的闪光有直接闪光、间接闪光和透射闪光。

直接闪光，如圣诞树的灯点，小型、裸露、透亮的白炽灯泡，以及穿孔透光材料。

间接闪光，如金属质感材料、软石型的表面。

透射闪光，如喷砂或蚀刻的玻璃扩散面包围着清透的灯丝，或者灯泡与水晶结合的灯具，尤其是水晶玻璃表面有雕刻时，白光会色散成彩虹状。正是这些"赤橙黄绿青蓝紫"构成了白光，从而形成一个美妙的视觉亮点。

适当的闪光点、高光及阴影的存在给人们一种晴朗天空的感受,让空间更为吸引人;如果缺少了这些元素,就会像阴沉天空那样平淡乏味。精心控制的闪光、高光和阴影在室内设计中同样重要。

第四节　室内照明设计案例分析

光在室内空间中由于它的固有性质而发挥多种作用,诸如使空间明亮,增强空间中的可见度;使空间中的物体形成立体感;使空间中的物体似乎减轻了重量;使空间或开敞或凝缩;使空间表现出纯净、明暗、虚实等效果。正因为光的这些作用,在设计时,便可以利用这些作用创造出多种室内光环境及其相应的环境气氛。

一、利用不同种类的灯具增强艺术效果

随着新技术新材料日新月异的发展,花色品种繁多、造型丰富,光、色、形、质可谓变化无穷。灯具不仅为人们的生活提供照明的条件,而且是室内环境设计中重要的画龙点睛之笔。灯具按照安装方式可分为下列类型。

(1)悬吊类:通称吊灯。有一般性吊灯,用于一般性室内空间;花灯,用于豪华高大的大厅空间(图4-4-1);宫灯,一般用于具有传统古曲式风格的厅堂;伸缩性吊灯,采用伸缩的蛇皮管或伸缩链作吊具(图4-4-2),可在一定范围内根据需要调节灯具的高度。

图4-4-1　花灯

图4-4-2　伸缩性吊灯

（2）吸顶类：紧贴天棚的灯具。有凸出型吸灯，这类灯具适用范围较广，可以单盏使用（图4-4-3），也可以组合使用。前者适用于较小的空间，后者适用于较大空间；嵌入型吸顶灯，灯具嵌入天棚内，组合使用给人以星空繁照的感觉（图4-4-4）。

图4-4-3　单盏吸顶灯

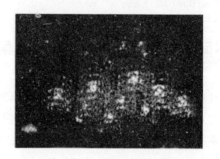

图4-4-4　多盏吸顶灯

（3）壁灯：壁灯有附墙式和悬挑式两种，安装在墙壁和柱子上。壁灯造型要求富有装饰性，适用于各种空间（图4-4-5、图4-4-6）。

图4-4-5　欧式壁灯

图 4-4-6　现代壁灯

（4）落地灯：也称坐地灯，是家居客厅、起居室、宾馆客房、接待室等空间的局部照明灯具，是室内陈设之一，具有装饰空间的作用（图 4-4-7）。

图 4-4-7　落地灯

（5）台灯：坐落在台桌、茶几、矮柜的局部照明灯具，也是现代家庭中富有情趣的主要陈设之一。在现代宾馆中，台灯已经成为具有特色的装饰照明手段（图 4-4-8）。

图 4-4-8　台灯

（6）特种灯具：为各种用途专门制造的照明灯具，如用于舞台表演的追光灯、回光灯、天幕泛光灯、旋转灯、光束灯、流星灯等（图 4-4-9）。

图 4-4-9　图案灯和摇头灯

二、打造室内光环境气氛的技法和案例

室内光环境的气氛取决于室内空间的功能、性格及特定的要求。利用

光的性质，运用一些灯光艺术的技法，可创造出设计师所需要的室内光环境的气氛。以下列举一些常用的技法。

（一）利用灯光的方向和数量

在室内空间中灯光的位置可确定它的方向，一般利用顶部下射和侧部斜射来冲淡或加重它的方向性（图4-4-10）。灯光与人或物体距离的变化可创造出不同的光影效果，有助于发挥灯光造型的表现力。当然还要考虑灯光分布和艺术构图的因素，在设计时要运用这些因素使其变化来创造要求的环境气氛，如通过地面点缀的灯光对空间进行引导。

图4-4-10　灯光为通道制造了丰富的层次感

（二）利用灯光的亮度

室内空间中灯光照射到各个表面上的亮度分布可创造出不同的光环境气氛。在室内空间中，垂直或水平面上使用聚光灯重点照射，可创造出强烈对比，引起人们的注意或兴趣，并指出视觉中心。而采用漫射光，则可创造出没有重点的光环境气氛。在室内空间中，当亮度强度高时，可增加光的相互反射，减少阴影，创造出明亮的光环境气氛，使人们的情绪高昂。反之，可减少相互反射，创造出灰暗的光环境气氛，使人们情绪松弛

（图 4-4-11）。

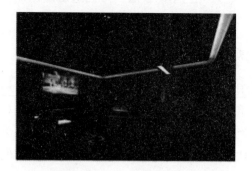

图 4-4-11　包房的光环境

（三）利用灯光的对比

在室内空间中，灯光处于静态时，利用灯光的对比可创造出气氛迥然不同的光环境。灯光的对比范围较宽，包括光影对比、亮度对比、光强对比、光色对比等。通常，在室内没有光影对比的光环境使人感到不舒适（图 4-4-12）。

图 4-4-12　过道空间的光影对比

（四）利用灯光的颜色

不同光源自身颜色的显色性导致表面的颜色各不相同，利用光的这些特性可创造出各种艺术效果。例如，白色光创造出和谐的效果，红色光创造出热烈的效果，黄色光创造出宁静的效果，蓝色光创造出清爽的效果（图4-4-13）。

图4-4-13　商场利用光的颜色

（五）利用灯光的层次

在室内空间中，利用灯光的位置、方向和光通量使靠近灯光之处明亮，远离灯光之处暗淡，显示出灯光的变化和模糊的轮廓，形成具有层次感的光环境（图4-4-14）。

图4-4-14　展示空间利用光的层次

第五章　室内材料设计

　　毋庸置疑，材料对室内空间设计起着十分重要的作用，甚至，将有些室内设计称为"材料设计"也并不为过。本章介绍的是室内材料设计，内容包括材料的演变、特性和搭配原则等基本原理，材料设计在室内设计中所起到的作用，以及室内材料设计的艺术处理手法和室内材料设计的典型案例。

第一节　室内材料设计基本原理

一、材料的演变与发展

　　材料与设计、材料与人均有着密切的关系，如果离开材料谈设计，只能是无米之炊。众所周知，任何事物都有起源和发展过程，材料也同样如此。先是有为人遮风避雨而出现的简单的建筑材料，后来慢慢开始产生祭祀、审美等需求，材料也随之逐步多样化，并且富有美感。不论是旧石器时代、新石器时代、青铜时代、铁器时代的天然材料，还是现代复合材料、当代低碳环保材料等，都说明材料与人类生产方式和生产力的发展息息相关，见证着人类文明的发展与进步。

　　一般来说，我们可按照人工环境与自然环境融合的程度来区分建筑的内部空间，即室内（也包括材料）的发展阶段。以界面装饰为空间形象特征的第一阶段，开放的室内形态与自然保持最大限度的交融，贯穿于过去的渔猎采集和农耕时期；以空间设计作为整体形象表现的第二阶段，自我运行的人工环境系统造就了封闭的室内形态，体现于目前的工业化时期；以科技为先导真正实现室内绿色设计的第三阶段，在满足人类物质与精神需求高度统一的空间形态下，实现诗意栖居的再度开放，成为未来发展的方向。

事实上，在生产工具极其简陋的狩猎采集时期，生活方式和生产力水平决定了当时的人类不可能营造所谓"像样"的建筑。正如《韩非子·五蠹》记载："上古之世，人民少而禽兽众，人民不胜禽兽虫蛇，有圣人作，构木为巢，以避群害。"可见这个时期的人工环境非常原始，基本上处在与自然环境共融的状态，材料的使用也较为粗陋。

从整个人类的营建历史来看，室内装饰及材料的历史甚至早于建筑。当人类还处在茹毛饮血、居洞处穴、衣不蔽体、食不果腹的蒙昧状态时，就不仅仅满足于工具的单一使用。在能够制造和使用工具之后，开始在工具上施加纹饰，并以浪漫的想象和奇异的图案装饰自身和环境。岩壁上的绘画就是人类栖身于洞穴时的室内装饰，置放于地面的彩绘陶罐成为最初建筑样式"人"字形护棚穴居的装饰器物。而早期居住在洞穴里的人们，为了让地面更加坚固耐用，会采用各种石材铺于其上。马赛克就是在这一基础上衍生发展起来的。最初，马赛克是一种镶嵌艺术，以小石子、贝壳、瓷砖、玻璃等有色嵌片应用在墙壁或地面上绘制图案来表现的一种艺术，直至拜占庭帝国时代，马赛克才随着基督教的兴起而发展成为教堂或宫殿的装饰材料。

事实上，农耕时期的建筑无论是单体型制、群体组合，还是比例尺度、细部装饰都达到了相当高的水平，材料运用也日渐娴熟。夏商至春秋战国时期，中国古代建筑材料的木、土综合的基本格局逐渐形成，夯土筑台、土坯墙体与木构的混合，逐步成为中国早期建筑的主要特色。与夯筑地面几乎同时出现的，还有砖地面、涂漆地面，而木板地面、毛毡或席地面在春秋战国之前就已应用，改变了室内外地面做法不分的缺陷。

中国人自古席地而坐或席地而卧。"席"是指用植物纤维或动物皮毛编织而成的铺垫之物，主要满足人在室内空间的坐、卧之需，使人的身体与地面之间多了一层保护，以阻隔地面渗透的阴湿之气。其实远在春秋战国时期，席的种类就较为丰富多样，编织工艺也日趋复杂。《席上腐谈》

曰："上古之时，席、毯、毡、褥只名异而实同。"席有凉席、暖席之分，凉席用竹藤、苇、草编成，暖席则用兽皮、毛、棉、丝等织造而成。汉代人根据暖席的不同工艺，将其明确分为"毯"和"毡"。对此古籍《说文》曰："蹂毛成片，故谓之毡"，《物原》曰："毯，毛席也，上织五色花"，即毡是用羊、牛等毛经湿热、挤压成片状以铺用，而毯是用毛、麻、丝、棉等材料，经纺纱、染色、编织而成的纺织物。可以发现，中国利用动物的皮、毛纤维纺织的历史，与利用各种植物纤维的历史同样悠久，甚至可以追溯到新石器时代。因此，如果认为中国是地毯的发源地，也并非空穴来风、无案可稽。当然也只是在地毯的起源和雏形方面，而非地毯业的发源地，若还争此名分，着实无聊。

其实可以发现，农耕时代的建筑或人工环境，在促进人类社会向前发展的同时，基本上做到了与自然环境共融共生，尽管这时人类生活的质量仍处于较低的水平。不论是中国的原始彩陶、商周的青铜器、两汉的画像砖和画像石、唐代的石刻和金银器，还是古希腊的陶瓶、古埃及的壁画及欧洲的建筑和室内装饰，其材料运用都反映着特定的时期、环境、背景下材料的特定功能。"秦砖汉瓦"便是特定时代辉煌的产物。

可以看出，在工业革命之前的漫长年代中，房屋的建造主要使用天然材料。石造建筑以墙体作为结构及装饰载体，从而发展出西方建筑以柱式与拱券为基础要素的装饰体系；木构造建筑以框架作为结构装饰的载体，从而演变出东方建筑以梁架变化为内容，土、木为主要材料的装饰体系，形成顶棚藻井、斗拱、隔扇、梁、柱、罩、架、格等特殊的装饰构件。可以发现，两种材料都依赖其自身的特质，逐步演变发展成不同时代的建筑样式和装饰造型。显然，天然的石、木、泥土是建筑古典样式和时代特征的典型载体。

进入工业化时代，人类的生产方式出现了革命性的变化。机器的使用，大大解放了生产力。生产的高速运转，促进了社会分工的加速发展。城市化的趋势，使建筑的类型猛增。建筑空间的功能需求日趋复杂，农耕时代原有的传统建筑形式已很难适应新的功能要求。发端于19世纪后期的现代主义建筑思潮，是建立在理性的功能主义之上的，尤其是20世纪中叶以来，钢筋混凝土框架结构、钢材、玻璃的广泛应用，为室内空间的拓展提供了更大的自由度，使空间的划分和流动在技术层面上变成了可能，打破了农耕时代传统建筑较为呆板的空间布局，创造出功能实用、造型简洁的建筑样式，从而促进了现代室内设计的诞生。因此，室内设计作为一门独立的专业，在世界范围内的真正确立，距今也就半个多世纪，在这之前的室内设计概念，始终是以依附于建筑内界面的装饰来实现其自身的美学价值。自从人类开始营造建筑，室内装饰就伴随着建筑的发展而演化出众多风格各异的样式，因此，在建筑内部进行装饰的概念是根深蒂固且易于理解的，现代室内设计的诞生使依附于建筑内外墙面的装饰被减到了最少，而代之以从室内环境整体出发的装饰概念。在现代建筑的国际式室内设计中，装饰的效果是通过运用简洁的造型和材料肌理，在处理手法上注重各种要素之间的统一和谐，创造平静、惬意的整体室内环境气氛来实现的。

诚然，现代主义建筑运动是室内设计专业诞生的直接原因，现代主义建筑运动使室内从单纯的界面装饰走向空间的设计。这时，材料的批量生产与加工也为改善人们的生存环境提供了充分的技术条件，不但产生了一个全新的室内设计专业，而且在设计理念和材料运用方面也发生了很大的变化。

当下，我们面临着一个千变万化、丰富多彩的材料世界，科学技术为人造材料发展的多元化、多样性提供了可能性，无论是天然材料（石、木、泥土）的进一步加工和改良，还是现代的金属、玻璃、复合材料等，它们都在各自的"岗位"上"建功立业"，为室内空间、材料的设计与应用提供了丰厚的物质基础。而随着新时代建筑的构件装配化，室内空间的样式也必定会出现一步到位的趋势，装修的概念越来越弱化，材料的运用也更趋向于多元和理性。或许可以这样理解，我们审视的建筑史或室内设计发展史，其实就是材料演变的发展史。但是，同一时代、不同的地域，材料的发展并非一定同步，它始终紧密伴随、折射着人类文明的进程，蕴含着材料的内在气质和人文特征。因此从某种意义上讲，人类的发展史，也是观念的发展史映射着材料的发展史（图5-1-1至图5-1-3）。

图 5-1-1　中国土地革命战争时期的村公所仍停留在以木、泥土作为主要材料的状态

图 5-1-2　延安时期的窑洞与当时重庆的室内风格与材料不会一致

图 5-1-3　"文化大革命"以后的室内材料不过也是简单的水泥地、白灰墙

二、材料的特性

特性，即性质或特有属性，如材料的密度或强度。经验丰富的设计师通常会凭直觉处理材料，并且也了解材料在各种应用中的适用性。然而，对设计师来说，对这些判断提出质疑，并确保自己在运用时，对材料特性都有充分的了解是非常重要的。例如，了解材料是持久耐用还是脆弱易碎，是吸音材料还是会产生回音的材料。设计者必须具备这方面的知识，以便对材料的适用和材料的色调与特定项目或计划的匹配与否做出明智的判断。对之前的想法提出质疑，挑战常规，也能产生更具创新的设计。

同时，也可能使用其他设计领域的材料。用于汽车制造及生产、包装和其他商业行业的材料都可以用在室内环境中。设计师需要创造性地看待这些材料，并批判性地分析其新的利用可能性。

在对特定用途的材料进行评价时，可能要考虑其在功能、相对性、感官、环境和主观性等方面的特性。下面对这些特性展开说明。

（一）功能特性

在选择材料时，设计师必须平衡项目出于技术和功能需要所作出的美学判断。功能要求会根据环境而有所不同，例如，用在临时展示、舞台或品牌游击店设计中要求的材料便会与用在更为永久情况下的大有不同。

一些室内介入项目或设计暂时性的特质可以使设计师解放思想，对多种材料进行实验。他们可以挑战常规，测试材料的极限和可能性。设计师不会过于关注材料的持久性，而是会优先考虑材料在功能和美学等其他方面的特性。

当为医院、学校或博物馆等进行更具永久性的室内设计时，材料规范变成繁重的责任。一旦设计师完成了这类项目，他们便将材料留给了客户。客户们会与材料"共存"；他们也许会因这些材料得到深刻的体验，也许会因为材料规格不恰当、不合适需要不断进行维护修理，甚至更换而感到沮丧。在处理这些情况时，设计师们仍可挑战材料的使用惯例，但同时他们也必须考虑材料的使用寿命，并确保材料的持久耐用和良好的适应性，且维护成本合理。总之，材料必须符合设计意图。

当进行持久性设计时，室内设计师还必须考虑材料的功能会随时间的流逝而发生变化：木栏杆在多次触摸后会磨损发霉，金属门把手反复推拉会形成特有的光泽，而石台阶在不断踩踏下也会磨损。材料的"附着"方式将会赋予空间一种永恒的特征感。

它将空间和用户相连，材料反映了日常的使用：木材有自己的气味，它会老化，甚至还会生出寄生虫等。总之，它是一种已经存在的材料。对我们每个人来说，"实木"（solid oak）概念便是一种存在着的理念，它会在世代祖屋、大量的家具中生生不息。

这些材料的变化可以增加室内的特色，它们与人的伤疤和皱纹一样，记录下时间的流逝、个人的历史和经历。

材料可以满足大量的功能需求，然而，需要注意的是，材料的一些功能特性会受到规范和法律的管制。立法文件描述了材料应该如何起作用，以打造出具有包容性的环境，并将用户的健康和安全风险降至最低，如限制火焰的蔓延，或将跌倒的风险最小化。这不仅对那些可以看见的材料，对那些隐藏在表面下的材料也同样适用，如砂浆找平层、基底层、填充物、框架系统，等等。

设计师的工作就是去指定所有这些组件，并确保它们运作良好。这项任务可能十分艰巨，但是有大量的参考材料和文献可供研究和分析，并且还有专业供应商可以提供建议。由于没有全球性标准文件，所以设计师们必须熟悉他们工作所在国家的法规。

（二）相对特性

不同的材料之间会相互影响它们各自的光辉，因此材料的组合也是独特的。对于材料的探索是无止境的，与室内设计相关的一种巨大乐趣和重要技巧便是在三维空间组合材料，优秀的室内设计师们能够充分发挥材料可感知的特性，并了解所选单个材料的特性，同时对这些材料在技术和美学上的相互关联有所了解。

各材料间的接近度十分关键，这取决于材料的类型和重量。不同材料的组合可以放进一座建筑里。如果从某种角度上看，它们彼此之间离得太远而无法产生影响；而从另一种角度上看，它们又靠得太近，这便扼杀了材料的特性。

设计师所面临的挑战就是把不同的材料协调地运用，形成一个具有节奏、音调、平衡性、对应、和谐或冲突的有机整体。材料能够传达意义，唤起记忆和营造氛围，很明显与音乐、艺术具有相似之处。当组合不同的材料时，考虑与这些领域相关的语汇会很有帮助。

（三）感官特性

对于建筑的每次体验都是多重感觉的，空间的特性、重要性、尺度可通过眼、耳、鼻、舌、皮肤、骨骼和肌肉等来度量。建筑强化了存在的体验——人存在于世界的感觉，并且这基本上就是一种自我强化的体验。除了视觉等五种经典感觉，建筑还涉及几种相互作用和相互融合的感觉体验。

当为室内选择材料时，设计师必须将空间现象学纳入考虑范围：用户将如何在身体和情感上对空间的感官特性进行体验和回应，其中包括触摸表面时的感觉及由某种气味或特别声响而引起的记忆等，这些体验都是相互联系且成一体的。

"感官"在传统上是指五种经典感觉（由亚里士多德所定义）：视觉、嗅觉、触觉、味觉和听觉。除了熟知的这些感觉，还有许多其他被人们所认同的感觉：动感、平衡感、本体感受、自我意识（我们在空间中的位置）、生活/舒适（幸福）感、精神层面上的敬畏和惊奇感。这些感觉都需要靠设计师营造。

胡阿尼·帕拉斯马在他所著的《皮肤之眼》（*The Eyes of the Skin*）一书中，认为在西方国家，视觉的特权抑制了其他感官，出现一种被称为"视觉中心主义"的现象。他声称这种空间设计中的视觉优先性已经使建筑景观变得没有创造性，并且无法使多元感官完全参与到我们的环境中——这是一种感觉被剥夺或压制的形式。

目前，不同从业背景者（艺术家、设计师、舞蹈家、心理学家等）已经达成共识，即身体和其对空间的阅读或感知已被人们忽视和低估。他们认为，我们的感官并不是独立存在并做出反应的。科学已经证明，不同感官之间具有复杂的交叉联系，例如，我们可以用眼睛去"触摸"，用鼻子去"品尝"，用皮肤去"看"和"听"。

当代对"感知"的定义也认识到人的空间体验的主观性特点，同时也认为我们的身体与生理学、神经学、历史学、社会学和联想等方面的记忆相随，这些记忆使我们对事物的理解和反应变得丰富多彩。

对材料特性的评估用于某一特定项目中时，设计师应考虑材料的感官特性和并置在三维空间中时所营造的氛围。材料可以带给人整体、多元感官的体验，或引起某一特定感官或多种感官的运作。下面我们就要使用五种经典感觉来探索一些可能性。

当评估材料的视觉影响时，设计师需要了解光产生的效果，这使我们可以在视觉上感知材料的深度、形式、质感、色彩、外形、半透明、透明和不透明。材料表面的辐射率、反光特性和它对空间的影响也十分重要。

光能戏剧性地改变空间：它能改变空间的色彩、"温度"和氛围；能改变我们对体量、尺度和形式的理解；能影响我们的情绪、健康和表现能力；同时，随着昼夜和季节性光线水平的变化，我们的精力和情绪也会周期性地发生转变。

光质会因半球不同、经度和纬度不同而变化。在北半球我们能体验到强烈的季节反差，为这里的建筑所选择的材料就会与用在季节恒定的纬度地区的材料不同。光能改观材料和我们对空间的解读，同时，它也能用来作材料，来创造边界、终点、节奏、速度和故事。光能够照亮和塑造"舞台"，在这个"舞台"上，人们展现日常活动，庆祝、游戏、哀悼、沉思和交流。

如图5-1-4所示，是彼得·卒姆托所设计的奥地利布雷根茨美术馆（Kunsthaus，Bregenz）。这个空间被质感的光影和硬质混凝土与半透明玻璃对比面层间的相互作用所限定。

图5-1-4 彼得·卒姆托所设计的奥地利布雷根茨美术馆

如图5-1-5所示，这些学生拍摄的图像表现出当阳光穿过窗户、织物和装饰框时，光影所具有的生动而颇具神韵的潜能。光就是一种可以被设计师操控的"材料"。

图5-1-5 阳光穿过织物

三、室内设计中材料的选用和搭配原则

（一）材料的选择

装饰材料种类繁多、形式多样，必须对其进行分析、综合、归纳，合理地选择和运用材料，发挥其性能与空间表现力。

1. 材料使用的合理性

合理性来自人对材质的基本要求，并且要符合人体工程学的基本需求。例如，睡眠需要在舒适的、松弛的环境中，被柔软材料包围才感觉舒服。这种感受是人的本能对材质的基本需求。其他如桌椅、板凳、顶面、地面、墙面，都有其特定的物理性需求和人体功能需求。

2. 材料的视觉性

材料表面的色泽、质地、肌理是材料视觉上的三要素，这给设计者提供了运用材质的丰富表现媒介，不仅要对单体的材质有所了解和认知，而且要对材质的组合对比关系有认识，更要将其提升到从具象到抽象的美感认识与把握。对材质直观敏感的观察力和判断力是设计师基本的素质，目的是要达到合理地组合不同材质。

对材料的选择和使用应遵循的原则，通常是依据材料的三要素来判定。

（1）色泽——自然界物体本身具有各种各样不同的固有色，材质的物理结构特点也会影响到色泽。密度高的材质会亮一些，密度低的材质会暗一些。因此，物体的固有色构成色彩组合的重要基础。同时也要考虑色彩的搭配关系：色相的对比、冷暖的对比、补色的对比、临近色的对比、色域面积大小的对比，这样才能在空间里形成具有材质美感的界面。

（2）质地——质地是材料表面呈现的特征，如钢的坚硬、玻璃的光滑、面料的柔软、砖的粗糙等。质地是通过人的触觉与视觉得到的体验。纯粹表现视觉效果的设计，可以更多地考虑材料的视觉对比、张力、材料的尺度、比例等要素；如果材料与人的关系亲近，就一定要考虑该材料与人体接触的舒适性，同时还有视觉上的美感。

（3）肌理——肌理是材质表面纹理。自然界的物体表面纹理是丰富多彩的，有点状的，也有线状的；有条状的，也有块状的；有规则状的，也有不规则状的。不同种类的材料肌理差异大，同种类材料之间的肌理也有差别。利用不同肌理来表现是活跃空间视觉要素的重要手段。材质的肌理对设计师的设计起到重要的引导作用。

材料的运用和光也是密不可分。室内空间的材料色泽、质地与肌理，在不同强度、不同角度、不同照射点的光照，会有截然不同的表现。

（二）材料搭配的原则

随着科学技术的进步与发展，新材料、新工艺给设计师带来了新的设计意识和观念，熟悉和掌握现代材料的应用规律，从技术和艺术的层面进行设计创新。认识和了解材料本身并不困难，难的是设计中材料之间的相互组合与搭配。

如何将材料加工技术和审美结合起来，把材料组织好，要研究材料的加工技术与安装。

一般来讲，材料的合理选用与组合搭配应该遵循以下原则：（1）宜体现材料自身的特性和魅力；（2）应满足空间的基本功能要求；（3）注意材料的特性与空间设计风格的结合；（4）材料的比例、尺度应与空间整体协调统一；（5）应展现材料之间的肌理、纹样、光泽等特色及相互关系；（6）关注材料之间的衔接、过渡等细部处理；（7）应符合材料组合的构造规律和施工工艺。

对材料的选用和搭配十分考验设计师的综合修养和素质，对材料的搭配，尤其是多种材料的组合，并能表达一定思想，这需要设计师对各种材料熟悉掌握，才能使材料的组合和谐、生动、意味深长。

新技术与新材料层出不穷，极大地丰富了设计成果，并影响设计思维与观念的转变，使得设计逐步从原有传统的设计思维中解脱出来，在设计中更加强调材料的使用方式和构造方法。通过新型材料应用、传统材料构造方式的变化来求得空间和形式上的创新。同时，人们对环境保护、可持续发展观念的日益重视，也极大地改变了传统材料的格局。材料带动设计已日益成为一种趋势和方向。

第二节　材料设计在室内设计中的作用

一、装饰作用

室内空间一般是通过材料的形态、质地、肌理、纹样、色彩来实现的，因此，材料这种固有的审美属性在室内空间中自然具有一定的装饰功能。

质地是质感的内容要素，肌理是质感的形式要素。质感是指对材料质地的感觉，不同的质地有不同的感觉，重要的是要了解材料在使用后人们对它的主观综合感受。一般材料要经过适当的选择和加工才能满足人们视觉审美要求。花岗石只有经过加工处理，才能呈现出既可光洁、细腻，又可粗犷、坚硬的不同质感。色彩可以左右室内空间的整体效果，甚至建筑物的外观及城市面貌，同时对人们的心理也会产生很大的影响。材料的固有颜色有其独特的自然之美，在室内设计中应充分运用材料的自然条件和优势。有时也可通过技术加工改变材料的固有本色，形成别样的材质效果。例如，大理石丰富的纹理之美、花岗石色彩的端庄之美、金属的冷峻之美、木材质朴的自然美，以及经过后期染色处理木材的色彩美、壁纸图案的细腻、柔和之美。

不过也有不少材料看似平淡无奇，甚至被人冷落，但是经过巧妙的组织和处理后，同样也颇具装饰意味和审美情趣（图 5-2-1 至图 5-2-4）。

图 5-2-1　石材天然的纹理之美

图 5-2-2　司空见惯的卵石与铜筋网的组合也充满装饰趣味

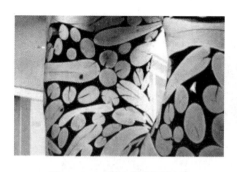

　　图 5-2-3　树木的断面组合　　　　　　图 5-2-4　瓦材的设计

二、保护作用

　　建筑在长期使用过程中经常会受到日晒、水淋、风吹、温差等影响，也经常会受到腐蚀和微生物的侵蚀，使其出现粉化、裂缝、霉变，甚至脱落等现象，影响到建筑的耐久性。选用适当的材料对建筑表面及内部空间进行处理，不仅能对建筑内外空间起到良好的装饰功能，还能有效地提高空间的耐久性、安全性，降低维护费用。

　　材料的保护功能往往是由材料的化学成分或物理性能决定的，其特定的功能和使用的范围也是"各司其职"，如针对强度、防水、防滑、阻燃、耐腐蚀等不同的功能要求，会对应出现各类的相关材料。例如，对卫生间的墙面、地面涂刷防水层，就能够保护墙地面免受或减轻侵蚀，延长其使用寿命，而地面铺贴防滑地砖也是提高安全系数的措施之一。

三、环境调节作用

　　材料除了具有装饰功能和保护功能外，还具有改善室内环境的功能。例如，报告厅的内墙和顶棚使用装饰吸声板或矿棉吸声板，能起到调节室内空间的吸声效果，改善使用环境的作用；木地板、地毯等能起到保温、吸声、隔热的作用，使人感到温暖舒适，自然怡人，改善了室内的空间环境和生活品质。

　　实际上，有些材料并非只具有单一功能，而是往往带有多种复合功能，将保护、环境调节和装饰功能集于一体。因此，面对众多材料，我们应系统地认识材料的基本特性（图5-2-5、图5-2-6）。

图5-2-5　墙面材料在空间中具有明显的吸声功能和装饰意味

图5-2-6　深圳T3航站楼的树状造型兼具送风、音箱、吸声、装饰等多重功能

第三节　室内材料设计的艺术处理手法

一、体现材料的审美特性

在室内设计中，材料具有传递情感的心理作用，材料的形态、质地、肌理、纹样等自然属性都是传递情感的重要载体，蕴含着与人心理对应的情感信息。这种信息的传递并非立即被人感知、理解和接受，而需要经过复杂的心理活动，给人以最直接的审美体验。每一种材料自身都包含着那个时代的审美情趣和人文特征。因而，一个时期的代表性材料必然会显示出时间与空间的某种界限，同时也折射出其所处年代或地域的时代性、文化性、历史性。

（一）体现材料的时代性与动态性

中国的历史文化源远流长，在材料运用方面积累了丰富的经验，尤其对木材、石材、泥土、青铜的使用已达到登峰造极的境地。以木构造体系为特征的建筑，传递出特定时代与地域的历史与文化，诠释出丰厚的中国传统哲学思想和审美情趣。木材这种悠久而成熟的材料在某种程度上虽然与绿色生态的可持续发展理念相抵触，但其时代性仍会通过其独特的视觉特征转化到新型现代材料当中，落实到新的界面和形态之上，体现于现代室内空间之中，继续延续、释放着木材自然、温馨、时尚之美。

因此，材料的时代性并非指只适用于某个时期，或只能体现于某种风格，事实上材料也具有动态特征。传统材料、乡土材料都可通过不同的手法和先进的技术手段进行重构，使材料本体的自然形态、传统样式形成全新的人工形态和肌理；而新材料、新技术也能替代传统材料、乡土材料以顺应时代发展，缓解当下日益严峻的资源浪费问题。这时，材料就转化为材料的特性，具有了时代属性、审美取向及动态特征。与其说是材料的时代性，不如说是材料的形态附加了鲜明的风格和时代特征（图 5-3-1 至图 5-3-3）。

图 5-3-1　卢沟桥的石狮子透射出历经磨难的沧桑感

图 5-3-2　梵蒂冈博物馆的石雕折射出具有时代特征的西方文化

图 5-3-3　毛主席纪念堂前的群雕映射出其特定的时代背景

　　应该相信，即使是针对同一材料，不同时代、不同地域人们的审美趣味会随着社会的发展和进步而产生变化，呈现出不同的审美取向和评价标准。因此，对美的评判，因人而异、因时而变，各不相同。就如同文物一样，处于远古的"当代"也许是司空见惯的日常用品，但历经千百年的时代变迁，这些"坛坛罐罐"却被人以新的审美视野和观念当作了宝贝，趋之若鹜、乐此不疲，反而颇具时尚性。记得20世纪七八十年代，改革开放前后，化纤"的确良"材质的衣服曾风靡一时、蔚为时尚，而棉麻面料则被认为老土。随着观念的更新，更符合人性自然需求的"老土"材料却又进入了一些人锁定的视野，甚至连当年的粗粮窝窝头也被奉为绿色食品了。当然，这些都已经过改良，已今非昔比了。显然，材料的审美除具有时代特征，也具有一定的动态特征（图5-3-4至图5-3-6）。

图5-3-4　材料的时代性在柱头装饰细部上体现得尤为突出

图5-3-5　莫斯科地铁中所运用的材料具有鲜明的时代气息

图 5-3-6　木材在现代教堂空间中的有机运用

（二）材料的地域性与文化性

材料的地域性和文化性主要是指不同地域材料的物理差异和由此而形成的使用习性上的差异。材料地域性的差异是由地理、气候、技术等诸多因素形成的，从而形成材料种类的多样化及加工工艺的多样化。以此为基础，不同地域、不同民族、不同生活方式的差异逐步渗入材料运用中，使材料显现出一定的文化特征。这也正是在全球日益国际化的趋势下，我们寻求文化差异性的有效路径，并从材料的地域性和文化性差异中发掘丰富的设计元素，探索新的材料语言。试想一下，竹材和竹编就带有鲜明的地域性和文化性；而玻璃本体则完全工业化，没有差异性，但可以通过艺术加工使其带有一些彰显地域特征的图案、样式、色彩，凸显出材料审美特质中的地域性和文化性（图5-3-7、图5-3-8）。

图 5-3-7　竹材在空间中具有强烈的地域文化特征

图 5-3-8 带有图案的玻璃颇具鲜明的宗教文化色彩

二、强调材料的细部之美

材料对于室内空间和室内设计非常重要，材料也已经超越了单纯的功能属性，有效传达出设计的创意理念和空间表情，并与空间环境有机统一，释放出鲜明的环境特色和空间气质。因此，设计时应关注材料的细部特征，并合理、有效地选择材料、组织材料，使材料的色彩美、纹理美、质地美、肌理美、形态美得以充分展现。

（一）体现单体之美

同种材料，如壁纸、木板材、竹材、金属、石材等，在组织时应考虑合理运用对缝、压角、拼贴、叠加等不同方法，表现同一界面或不同界面形态的对比、光泽的强弱、纹理的走向，以及韵律、节奏、肌理的变化，展现出单体材料组织的和谐之美（图5-3-9至图5-3-12）。

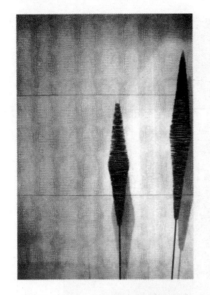 

图 5-3-9　单体材料细腻的纹理　　　图 5-3-10　较软木板材塑造出的形态

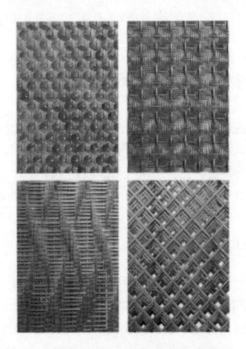

图 5-3-11　同种单体材料塑造不同的肌理之美

图 5-3-12　由软管塑造的坐凳具有丰富的肌理美和功能美

（二）体现组合之美

同类材料指具有相近质地的材料，如甲书本与乙杂志、甲种木材与乙种木材、乙壁纸与丙壁纸、丙石材与丁石材，或钢板与不锈钢材料等同类不同种的材料进行组合，能够展示出同类材料组合形成的形态美及视觉美感（图 5-3-13 至图 5-3-17）。

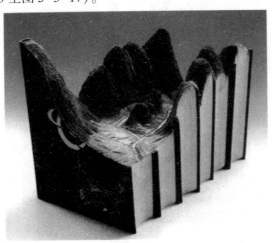

图 5-3-13　富有创意的书本组合变成了"书雕塑"

图 5-3-14 铝材的不同形态形成吊顶造型之美

图 5-3-15 同类木材的拼贴组合之美

图 5-3-16 同类材质的组合　图 5-3-17 同类木材有机组合的坐凳

（三）体现对比之美

完全不同种类的材料，如壁纸与木饰面、木饰面与金属、金属与玻璃、玻璃与石材、石材与金属等，通过有机组合、转折和尺度把握，也会产生各自独特的对比效果与和谐之美（图5-3-18至图5-3-21）。

图5-3-18　大理石与皮革在纹样上的对比

图5-3-19　细腻的木质饰面与冷峻的不锈钢材之对比彰显出独特的材质之美

图5-3-20　不同的材质组合使界面富有强烈的形式感

图 5-3-21　粗犷的砖材与纯净的金属产生强烈的对比与和谐之美

正如北京目前最高的国贸三期建筑，其大堂核心筒玻璃幕墙高 6m，使用的玻璃面积达 $500m^2$，采用了 15mm 厚低铁夹层高清玻璃，外表皮饰以合金包 24K 金，形成不同比例的装饰图案，颇具中国传统装饰花格的象征意味，含蓄中透出华贵之美。而大堂北端以虎眼石镶嵌装饰的玻璃墙面则采用抽象手法，以展现中国北方沙丘的风貌。这面高达 9m 的装饰墙面共使用 55 万颗从南非进口的半宝石虎眼石。虎眼石又称为"非洲猫眼"，拥有艳丽的黄色及褐色条纹，打磨后光泽极佳。在古代，人们相信"虎眼石"可以洞察一切，据说虎眼石还是旅行者的护身符，同时可以坚定人们的信心和信念。将其作为室内装饰材料也算是一个突破，其与玻璃的组合主次分明、相得益彰。可以发现，该项目的材料设计无论是同类材料，还是不同材料的组合，均使空间的细节、局部和空间整体达到了高度统一（图 5-3-22 至图 5-3-24）。

图 5-3-22　北京国贸三期核心筒墙面不同材质含蓄的对比颇具中国传统装饰意味

图 5-3-23　国贸三期大堂北端　　图 5-3-24　虎眼石镶嵌的玻璃墙面

第四节　室内材料设计案例分析

我们应该明白，材料的发展和材料的应用并非都采用所谓新型材料，而应最大限度地发现和发掘生活中的各种现有材料，拓展材料的取材范围，使那些看似"面熟"的约定俗成、司空见惯的常规"传统"或"废弃"材料，在不违反设计原则的前提下，经过一定的技术改良和提高，焕发出新的活力，在人的视野中重新被认识、被解读。

一、利用传统材料进行创新设计

虽然不少"传统"材料已随着城市化建设中大规模的拆迁逐渐消逝，但这些材料至今仍充满着醇厚的艺术感染力和成熟的技术美学。无论是传统的建筑材料，还是富有装饰意味的建筑构件，甚至结构材料，对当下的室内设计仍具有广泛的施展空间，砖材、瓦材、基材、面材、钢材、石材、混凝土材等，都可被重新赋予新的语义。安藤忠雄对质朴、内在、细腻、纯粹的清水混凝土与宗教空间的有机整合，使材料语言得到了充分释放和拓展，更使人的心灵得到净化和洗礼，不但颇具时尚意味、时代美感，似乎也超越了时代，成为超现实的永恒之作（图 5-4-1、图 5-4-2）。

图 5-4-1　木方作为展台使用后，同样可以继续扮演着新角色

图 5-4-2　建筑外墙常用的蘑菇石以合理的尺度运用到室内空间中

二、体现材料中的民俗文化

传统与当代，不应是断层的机体，而是血脉相承的文化传承。因此，从民间民俗文化中不断发掘和撷取室内材料，诠释和彰显出本土文化的当代价值，也是设计中的一个不可忽视的方向。此类材料颇具民族和地域特色，在材质、色彩、工艺上均有精湛的表现，通过对石刻、木雕、刺绣、布艺、玩具、剪纸、风筝、用具等元素创新性的转化和意象式的表达，形成了特殊的材料语汇（图5-4-3、图5-4-4）。

图5-4-3 民俗用具、灰砖与剪纸共同营造出古朴的室内风格

图5-4-4 从民间汲取的材料的质地、色彩、肌理、形态等都是影响设计创新的重要因素

三、从现代生活中发掘材料

此类材料与我们的日常生活密不可分，常见的生活用品，如勺子、瓷盘、报纸、毛线、吸管、掏耳朵的棉棍等，都可经过巧妙加工、组织、整合，同样也能释放出其独特的美感和视觉肌理（图5-4-5、图5-4-6）。

图 5-4-5　巧妙组织的勺子颇具装饰效果

图 5-4-6　利用光盘作为特定空间墙体的装饰材料

四、从生态自然中发掘材料

利用自然中那些看似"无用"，实际却环保、生态的材料，将其重新组织、整合，充分发挥其自然、质朴的表现力。例如，枝叶、木棍、竹片、秸秆、藤蔓、藤条、花瓣等，都能作为室内装饰材料，并拓展材料"无限"的界限（图5-4-7、图5-4-8）。在材料设计过程中，对材料的选择和运用应该是"无限"的，要用一种材料、形态或风格套用所有的空间类型是不可能的。同样，材料设计也是"有限"的，室内空间是一个社会产物，付诸实施后需要面对社会上各种现实的问题。怎么处理"有限"和"无限"的关系，怎样从"有限"中寻找"无限"，这是设计师必须要解决的问题。

图 5-4-7　用花瓣塑造的灯饰给人带来别样的美感

图 5-4-8　直接采用富有生机的自然植物

第六章 室内设计常见问题及发展趋势

室内设计是一门新型的学科，它与艺术设计、建筑设计存在紧密联系，在发展的过程中必定会涌现出很多问题。本章从不同角度说明室内设计常见的问题，以及 21 世纪背景下室内设计的发展趋势和方向。

第一节 室内设计常见问题

一、盲目追求豪华设计

（1）滥用高档奢侈材料。精致的室内设计精心设计用材是对的，但绝非滥用天然石材等昂贵材料所能奏效。

（2）盲目追求家具的尺寸。当代社会寸土寸金，因此住宅空间进深都不会很大，购买家具应与室内空间的尺度相协调，不能让大尺寸的家具阻挡了人们的活动空间。有的住户甚至会购买大型办公专用的老板桌、大型沙发等，使空间水泄不通，不仅达不到气派的效果，还失去了家装应有的亲切感。

（3）过度追求豪华的公装效果。有的家装把豪华宾馆中的设计手法和材质选择加以搬用，像大型的水晶吊灯等一系列金碧辉煌的效果，这样反而感觉不到一丝家庭温暖。宾馆是人们暂时逗留的地方，人流的来来往往，不可能存在家庭的气氛。甚至有的家装还模仿歌厅设计，使家庭完全变成了娱乐场所的样子。这种"宾馆化""歌厅化"的家装破坏了原本的美化动因。

（4）装饰品的任意堆砌。在家装中，有时需要一些装饰性的线脚、花饰等。有的住户或施工单位随意购买，任意在家中拼贴，如大尺度的顶角线、粗犷的门套线、超尺度的圆形顶棚线，因为细部是超尺度和杂乱无章的，所产生的后果，既缩小了本来不大的居室空间，又失掉了典雅大方的气韵，还丧失了家庭装修应有的温馨品位。

二、滥用人工合成化学材料

在室内设计中大量使用人工合成的化学材料，其中相当一部分化学材料含有对人体有害的物质，这些物质在使用中会有刺激性气味长时间散发出来，污染室内空气，影响人们的健康，引发各种疾病。

三、追求形式忽视功能

在室内设计中，追求美观应是建立在功能基础上的。有的室内大堂设计为了追求灯饰的华丽，安装了八九盏大吊灯，因为使用了奶白的反光灯罩及磨砂灯泡，造成了昏暗的照明后果，这种设计处理办法既费电又不实用，而且给人以压抑的感觉。

四、因循守旧缺乏创新精神

室内设计固然可以借鉴国内外传统和当今已有的设计成果，但不应是简单的"抄袭"，或不顾环境和建筑类型的"套用"，现代室内设计理应倡导结合时代精神的创新。

五、对技术和相关法规缺乏认识

现代室内设计与结构、构造、设备材料、施工工艺等技术因素结合非常紧密，科技的含量日益增高，设计者除了应有必要的建筑艺术修养外，还必须认真学习和了解现代建筑装修的技术与工艺等有关内容。同时，应加强室内设计与建筑装饰中有关法规的完善与执行，如工程项目管理法、合同法、招投标法以及消防、卫生防疫、环保、工程监理、设计定额指标等各项有关法规和规定的实施。

第二节　室内设计发展趋势

一、体现民族传统文化

只强调高度现代化，虽然提高了人民的生活质量，但又失去了传统和过去。因此，室内设计的发展趋势就是既讲现代，又讲传统。将高度现代化与高度民族化相结合、体现，注重传统文化元素的运用，从而使传统风格浓重而新颖。用高度现代化的设备、材质、工艺，使人们在现代化室内空间中体会到传统的韵味，新中式风格室内设计就是把传统元素的内容加以提炼、简化，并用新的材料和工艺加以体现。

二、追求统一整体之美

随着社会物质财富的丰富，人们要求从"物的堆积"中解放出来，要求室内各种物件之间存在着统一整体之美。室内环境设计是整体艺术，它应是空间、形体、色彩及虚实关系的把握，功能组合关系的把握，意境创造的把握，以及与周围环境的关系协调。许多成功的室内设计实例都是艺术上强调整体统一的作品。

三、以人为本追求便捷服务

城市人口集中，为了高效方便，国外十分重视发展现代服务设施。在日本采用高科技成果发展城乡自动服务设施，自动售货设备越来越多，交通系统中电脑问询、解答、向导系统的使用，自动售票、检票，自动开启、关闭进出站口通道等设施，给人们带来高效率和方便，从而使室内设计更强调"人"这个主体，以让消费者满意、方便为目的。

四、追求天然绿色环境

随着环境保护意识的增长，人们向往自然，用自然材料，渴望住在天然绿色环境中。在住宅中创造田园的舒适气氛，强调自然色彩和天然材料的应用，采用许多民间艺术手法和风格。不断在"回归自然"上下功夫，创造新的肌理效果，运用具象的、抽象的设计手法来使人们联想自然。

五、追求个性的呈现

大生产给社会留下了的同一化问题，相同的建筑、房间，相同的室内空间布局。为了打破同一化，人们追求个性化。一种设计手法是把自然引进室内，室内外通透或连成一片。另一种设计手法是打破水泥方盒子，斜面、斜线或曲线装饰，以此来打破水平垂直线，求得变化。还可以利用色彩、图画、图案，利用玻璃镜面的反射来扩展空间，等等。打破千人一面的冷漠感，通过精心设计，给每个家庭居室以个性化的特征。

六、应用现代科技手段

随着科学技术的发展，在室内设计中采用一切现代科技手段，设计中达到最佳声、光、色、形的匹配效果，实现高速度、高效率、高功能，创造出理想的值得人们赞叹的空间环境。

参考文献

[1]陈新如.工业风创客空间设计研究[D].北京:北京交通大学,2020.

[2]赵明明.材料应用对室内设计的影响[J].明日风尚,2019,(23):59-60.

[3]黄文华.室内设计中对建筑装饰材料艺术特征的创新性应用[J].门窗,2019,(21):151.

[4]胡延辉.建筑装饰材料与室内环境设计探究[J].大众文艺,2019,(21):76-77.

[5]张芳,雷博雯.浅谈人工照明与天然采光在室内设计中的应用[J].企业科技与发展,2019,(11):90-91.

[6]冯冬华.浅析色彩设计在室内设计教学中的应用[J].课程教育研究,2019,(36):5.

[7]安娜.室内环境艺术设计中软装饰材料的运用[J].粘接,2019,40(8):63-65.

[8]付月姣.室内设计中灯光照明设计探究[J].花炮科技与市场,2019,(3):224+230.

[9]薛青.室内设计选择绿色材料应避免的问题[J].绿色建筑,2019,11(4):24-26.

[10]王子婷.装饰艺术设计的视觉语言表达与应用分析[J].黑河学院学报,2019,10(6):165-167.

[11]王秋红.室内装饰装修工程中的色彩设计与运用[J].建材与装饰,2019,(15):97-98.

[12]杜倩文,杨琦.关于室内设计中灯光的艺术设计分析[J].科技资

讯,2019,17(10):199+201.

[13]王曦.色彩设计在现代室内设计中的运用研究[J].住宅与房地产,2019,(5):45.

[14]王雅.室内空间设计中色彩与照明的结合运用[J].艺术品鉴,2019,(3):249-250.

[15]董欢.试谈室内装修设计及其未来发展趋势[J].居舍,2018,(36):21.

[16]姜峰.可持续性设计理念与室内设计方向的浅析[J].中国文艺家,2018,(12):164.

[17]李玲.现代建筑室内设计中的地域性文化体现[J].居舍,2018,(35):96.

[18]李莲.室内设计的绿色设计理念探究[J].艺术家,2018,(12):53.

[19]韩亮.室内装饰在环境艺术设计中的创新探索[J].产业与科技论坛,2018,17(23):62-63.

[20]邓鹏.探讨色彩在室内设计中的搭配[J].绿色环保建材,2018,(10):71+73.

[21]张永泽.论设计色彩的视觉及心理[J].艺术科技,2018,31(7):171.

[22]赵川.西方现代室内设计艺术的观念与理论研究[D].南京:南京师范大学,2018.

[23]杨雪.基于视觉心理学的酒店大堂照明设计[J].建材与装饰,2018,(20):138.

[24]刘静.室内环境艺术设计中的生态理念问题[J].艺术科技,2018,31(5):190.

[25]杜樱子.色彩构成和视觉心理在工业设计中的运用[J].经贸实践,2018,(2):325.

[26]李苗.基于绿色设计理念下的室内设计研究[D].海口:海南大学,2017.

[27]甄慧霞.室内色彩设计教学方法研究[D].石家庄:河北师范大

学,2014.

[28]刘雪丹.以视觉艺术视角探讨室内环境设计[J].大舞台,2014,(11):74-75.

[29]陈静.以人为本的室内设计[D].青岛:青岛大学,2013.

[30]董赤.新时期30年室内设计艺术历程研究[D].长春:东北师范大学,2010.